Frank Rudolph, Bernhard Bayer,
Werner Bartholomäus, Sven von Loga

Steine an Fluss, Strand und Küste

sammeln und bestimmen

Steine an Fluss, Strand und Küste

Rudolph Bayer
Bartholomäus von Loga

sammeln und bestimmen

KOSMOS

Inhalt

Jeder Bestimmungsteil ist auf das dazugehörige Fundgebiet abgestimmt. Nur in Ausnahmefällen lassen sich Beschreibungen und Bezeichnungen auf Gesteine außerhalb der jeweiligen Region übertragen

Gesteine und Sammler

Zeit für Steine

Steinesammeln lohnt sich immer. Wir sammeln meist Steine und Muscheln, wenn sich die Gelegenheit dazu bietet: am Strand, in den Bergen und auch am Ufer der Flüsse. Steine sind nicht nur schön, sie verraten dem Sammler auch allerhand über die Erdgeschichte und die Geologie Deutschlands und Europas: Was sind das für Gesteine, wo kommen sie her, wie sind sie entstanden, warum liegen sie ausgerechnet hier am Ufer oder am Strand? Und schnell sind wir dabei, Steine bestimmen zu wollen.

Am besten sammelt man dafür so lange, bis man von jeder vorkommenden Art ein schönes Muster hat, und erstellt dabei eine kleine Statistik, welches Gestein häufig vorkommt und welches selten ist.

Geologen sind natürlich immer mit Hammer (und Schutzbrille wegen der herumfliegenden Gesteinssplitter!) unterwegs. Gesteine müssen immer zerschlagen werden, um sie korrekt bestimmen zu können, und nur frische Bruchstellen sollten zur Bestimmung herangezogen werden, denn durch oftmals jahrhundertelange Umwelteinflüsse kann sich die Oberfläche ziemlich verändert haben.

Gerölle und Geschiebe

Die korrekte Bezeichnung der Steine am Flussufer oder an der Küste lautet „Gesteine". Steine gibt es auf der Baustelle – Ziegelsteine, Pflastersteine –, unsere Kieselsteine nennt man korrekt *Gerölle* und *Geschiebe*. Die Gerölle hat der Fluss gerundet, weil sie jahrelang an seinem Grund entlanggerollt sind. Die Geschiebe wurden durch einen Eispanzer während der Eiszeit rundlich geschliffen. Er nahm sie oft hunderte und tausende Kilometer auf seinem Weg mit. Damit ist auch schon der Unterschied definiert: Gerölle wurden durch einen Fluss transportiert, Geschiebe durch Gletscher während der Eiszeiten.

Neben all den echten Gesteinen gibt es doch eine ganze Menge anderer Steine. Bruchstücke von Ziegelsteinen sehen rund gerollt wie roter Sandstein aus, Scherben von Badezimmerkacheln oder Hochofenschlacken wollen erst einmal vom Naturstein unterschieden werden. Das Wort „Kieselsteine" ist übrigens nicht korrekt, denn es leitet sich vom Begriff Kieselsäure ab, und das ist Quarz. Je nach Region sind viele der weißen Flussgerölle, die in großer Menge am Ufer liegen, reiner Quarz. Sie verdienen den Namen Kieselsteine zu Recht. Alles andere sind eben „Gerölle". Deren Vielzahl aber macht das Geröllesammeln am Flussufer so interessant, denn jedes von ihnen erzählt eine ganze Geschichte.

Der Weg der Steine

Wie aber entstehen Gerölle? Der Name verrät es schon: Sie werden gerollt. Das übernimmt der Fluss, unter Umständen auch schon vorher seine Nebenflüsse. Aber zuerst verwittert irgendwo Gestein. Fester Fels wird in immer kleiner werdende Gesteinsbruchstücke zerlegt. Das geschieht meist durch Einflüsse der Atmosphäre: Die Temperatur schwankt stark, Wasser dringt durch Ritzen und Spalten ins Gestein, es friert, das Eis dehnt sich aus und sprengt das Gestein. Pflanzen können ähnliche Auswirkungen haben: Wurzeln dringen ins Gestein und pressen es auseinander, Huminsäuren können Komponenten herauslösen. Gleich welcher Verwitterungsprozess aktiv ist: Das ehemals feste Gestein wird zerkleinert und zerfällt irgendwann: sprichwörtlich zu Staub. Das ist aber noch ein längerer Weg. Zunächst zerbricht es in immer kleiner werdende Bruchstücke. Sie rollen vielleicht in einen Bach, der Bach spült sie weiter in den nächsten Fluss, der mündet letztendlich ins Meer. Auf seinem Weg lagert er immer wieder Bruchstücke ab und im Flussbett werden die Gesteinsbrocken weiter zerkleinert. Sie schlagen aneinander und zerbrechen. Durch die ständige Bewegung im Wasser werden sie regelrecht außen abgerollt – und dabei schön gerundet. Ein Beispiel ist der Rhein. Er entspringt in den Alpen und nimmt schon hier ordentlich Geröll mit. Das erreicht heute leider das Kölner Rheinufer fast nie, denn im großen Sammelbecken Bodensee bleibt ein Großteil der alpinen Gerölle liegen. Der Rest wird auf dem langen Weg weitestgehend zu Sand zermahlen.

Ähnliches gilt für die Geschiebe; sehr harte Gesteine können durch das Eis über weite Strecken transportiert werden, während weiche Gesteine sehr schnell zermahlen werden.

Welche Gesteine sich am Ufer eines Flusses oder in den nebengelegenen Kiesgruben finden, hängt von verschiedenen Faktoren ab: dem Ursprungsort der Gesteine, der Weite des Transportwegs, aber auch von ihrer Zusammensetzung, von den in ihnen enthaltenen Materialien und ihrer physikalischen und chemischen Stabilität. Weiche Gesteine wie Tonsteine kommen nicht weit. Sie zerfallen früh. Harte Quarzsandsteine und Granite widersetzen sich der Verwitterung besser. Sie können Hunderte Kilometer weit transportiert werden. Während Quarz von Säuren in der Umwelt fast gar nicht angegriffen wird, löst sich Kalkstein schon durch Wasser mit ganz normalem pH-Wert. Er ist daher immer nur nahe an seinem Entstehungsort zu finden. Wichtig ist auch das Einzugsgebiet

des Flusses, an dessen Ufer wir Gerölle sammeln. Welche Nebenflüsse münden in ihn hinein? Sie alle können Material mitbringen. Wenn man sich auf der Karte anschaut, welche Flüsse in den Rhein oder in die Elbe münden oder welche Flüsse sich im Alpenvorland treffen, wird klar, dass die Herkunftsgebiete der Gerölle sehr groß sein können.

In Norddeutschland mischen sich gelegentlich Flussgerölle und eiszeitliche Geschiebe, was die Bestimmung der Gerölle zusätzlich erschwert. Während Elbe und Weser von Süden her Gerölle herantransportieren, ist die Region teilweise auch durch eiszeitliche Geschiebe bedeckt.

Ganz schön spannend, was die Gerölle und Geschiebe so alles zu erzählen haben.

Aus den Tiefen der Erde

Gesteine, die später zu Geröllen und Geschieben werden können, unterteilen sich in drei große Gruppen:

> Magmatite
> Metamorphite
> Sedimentite

Magmatite: Plutonite und Vulkanite

Magmatite entstehen aus aufgeschmolzenem Gestein in der Erdkruste. Aus der Tiefe der Erde, oft aus dem Erdmantel in 70 km Tiefe, steigt Magma nach oben, bleibt irgendwo in der Erdkruste stecken und kühlt ab, bis es vollständig zu festem Gestein erstarrt und auskristallisiert ist. Solch ein Gestein bezeichnet man als Plutonit. Granit ist z. B. solch ein Plutonit.

Es gibt aber auch Magma, das die Erdoberfläche erreicht und an der Erdoberfläche mehr oder weniger heftig austritt. In diesem Moment wird Magma zu Lava, die entsprechenden Gesteine sind Vulkanite. Lava kann bei einem Vulkanausbruch als vulkanische Schlacke oder Bims mit unfassbarer Gewalt herausgeschleudert werden oder als basaltischer Lavastrom – Basalt – langsam herausfließen.

Aus ein und demselben Magma können also sehr unterschiedliche Gesteine entstehen. Entscheidend dafür ist die Zeit, die dem Magma zum Abkühlen zur Verfügung steht. Magma kühlt auf seinem Weg nach oben ab. Es kann zu chemischer Differenzierung kommen, d. h., Minerale mit einem sehr hohen Schmelzpunkt kristallisieren aus, sinken als Kristalle zu Boden, die Restschmelze verändert ihre Zusammensetzung. So ist der Granit tief in der Erdkruste sehr langsam abgekühlt, der Rhyolith, der bei einem Vulkanausbruch an die Erdoberfläche kam, ist dabei extrem schnell abgekühlt.

Vulkanite bestimmen

Viele Vulkanite lassen sich ganz genau nur unter dem Dünnschliffmikroskop oder durch chemische Analyse ihrer Mineralkomponenten bestimmen. Die folgenden Merkmale geben Aufschluss:

> Welche Form hat der ganze Gesteinskörper (Ascheschicht, Quellkuppe, Lavastrom), wie verwittert das Gestein?
> Wie ist das Gestein ausgebildet – massig, plattig, säulig?
> Wie ist die Grundmasse – matt, glasig, glänzend?
> Wie ist das Gefüge des Gesteins zu beschreiben?
> Finden sich Gasblasen, Mandeln oder Xenolithe?
> Sind Minerale im Gestein durch chemische Vorgänge (hydrothermale Lösungen, heiße vulkanische Gase) in neue Minerale umgewandelt?
> Sind im Gestein große Kristalle (die Mineralogen bezeichnen sie als Einsprenglinge) enthalten?
> Lassen diese sich bestimmen?

Metamorphite

Durch tektonische Bewegungen, Hebungen und Senkungen der Erdkruste und durch plattentektonische Bewegungen können Gesteine tief in der Erdkruste abgesenkt werden. Dort werden sie immer stärker werdendem

Druck und immer höheren Temperaturen ausgesetzt. Zunächst machen sich leichte Veränderungen im Gestein bemerkbar. Es wird ein wenig verändert, verfestigt, das Korngefüge ändert sich. Diesen Vorgang nennt man Diagenese. Nehmen Druck und Temperatur noch weiter zu, verändert sich das Gestein so stark, dass durch Mineralneubildungen und Veränderungen des Gesteinsgefüges ein gänzlich neues Gestein entsteht. Letztendlich können die Gesteine sogar aufschmelzen. Diesen Vorgang bezeichnet man als Metamorphose.
Erst wenn sich diese Gesteinspakete wieder anheben und an die Erdoberfläche gelangen, werden die aufliegenden Gesteine abgetragen, bis letztendlich die Metamorphite an die Erdoberfläche gelangen und zu Geröllen werden können. In Mittel- und Norddeutschland sind Metamorphite sehr selten; in den Alpen findet man sie, bedingt durch die Gebirgsbildung, vielerorts an der Erdoberfläche. Auch im skandinavischen Gebirge – dieses ist geologisch betrachtet sehr alt – kamen oft Metamorphite oder in der Tiefe entstandene Granite an die Erdoberfläche und wurden von den Gletschern der Eiszeit nach Norddeutschland transportiert.

Zeit der Steine

Die Zeit ist in der Geologie eine wichtige Dimension. Erdplatten wandern, Kontinente stoßen gegeneinander und an ihren Knautschzonen bilden sich Gebirge wie Himalaja oder Alpen. Nur wer die Zeit als Faktor einbezieht, hat die richtige Vorstellung. Eine Bewegung von nur einem Millimeter im Jahr schafft im Laufe von 30 Millionen Jahren 30 km. Amerika und Europa bewegen sich heute mit einem Tempo von 2 cm im Jahr auseinander, Indien stieß vor 50 Millionen Jahren mit der unbeschreiblichen Geschwindigkeit von 20 cm im Jahr gegen Asien und faltete den Himalaja auf. Es ist wichtig, sich vorzustellen, dass die hier beschriebenen Vorgänge viele Jahrmillionen dauern.

Sedimentgesteine

Unsere Erdoberfläche ist zum größten Teil mit Sedimentgesteinen bedeckt. In vielen Gebirgen schaffen die gefalteten Sedimentschichten imposante Landschaftsstrukturen. Würde man allerdings unseren Planeten auf den Durchmesser eines Fußballs reduzieren, so würde auch die mächtigste Sedimentbedeckung mit nur etwa 0,1 Millimeter hauchdünn.

Die Kräfte der Erosion sind vor allem Wind und Wasser. Die Bedeutung des Wassers als Erosions- und Ablagerungsfaktor, sowohl in fester Form als Eis als auch in fließfähigem Zustand als Regen, Fließ- und Küstengewässer oder Gletscher ist dabei weit größer als die des Windes.

Die durch gewaltige tektonische Kräfte des Erdinneren (endogene Dynamik) im Lauf der Erdgeschichte immer wieder neu emporgehobenen Gesteinsformationen der Hochflächen und Gebirge werden durch die, letztendlich aus der Energie der Sonne erzeugten, atmosphärischen Einwirkungen – Niederschlag, Frostsprengung, Windtransport etc. – immer wieder zerkleinert und abgetragen (exogene Dynamik). Auf die Abtragung der Gesteine an den der Atmosphäre ausgesetzten Flächen folgt der Transport des Verwitterungsmaterials mittels Wasser (oder Wind) sowie letztendlich die Ablagerung in tiefer gelegenen Bereichen der Erdoberfläche wie z. B. in See- oder Ozeanbecken.

Mit zunehmender Transportweite wird das Gesteinsmaterial aufgrund von mechanischer Reibung immer feiner. Bilden sich direkt am Fuß eines Berghangs oder in deren Nähe Brekzien oder Grauwacken (Gesteine aus großkörnigen bis kleinerkörnigen, kantigen Bruchstücken), so kann im weiteren Verlauf der Aufarbeitung oder des Transports auch ein Konglomerat (groß- bis kleinkörnige, durch Transportvorgänge gerundete Komponenten) entstehen. Wird das Gesteinsmaterial noch weiter verfrachtet oder mechanischen Kräften ausgesetzt, wie z. B. der Brandung, kommt es unter Abnahme der Korngröße zur Ablagerung von grob-, mittel- und feinkörnigem Sand. Zuletzt wird das feinste, am weitesten transportierte Material als Ton abgelagert.

Die Entstehung des festen Gesteins geschieht durch Verdichtung unter erhöhtem Auflastdruck und durch Ausfällung von gelöstem mineralischen Material als „Zement“ in den Hohlräumen zwischen den Gesteinskomponenten. Die entstandenen Sedimentgesteine werden klastische Sedimentgesteine genannt (griechisch: klasis = zerbrechen).

Aus dem Meer in die Berge
Eine sehr wichtige Gruppe der Sedimentgesteine sind die Karbonatgesteine.
Bei der Bildung dieser Gesteine spielen biologische Prozesse die Hauptrolle. Das Material, meist Kalk (Calciumkarbonat), stammt von wasserbewohnenden Organismen mit karbonatischen Skeletten. Viele Planktonarten, riffbauende Lebewesen, aber auch Muscheln und andere Organismen mit Kalkskeletten sind in allen Weltmeeren anzutreffen. Besonders häufig treten sie in tropischen bis subtropischen Meeresbereichen auf. Die verbreitet enorme Kalkproduktion in Trias, Jura und Kreidezeit ist dadurch bedingt, dass der Sedimentationsraum im äquatornahen Klimabereich der Erde lag. Die meisten Kalkgesteine der Alpen legen davon ein Zeugnis ab.
In der Tiefsee bis zur Kalkauflösungslinie kommt es zur Ablagerung von Karbonatschlämmen aus abgestorbenen planktonischen Organismen. Darunter finden sich nur noch silikatische Ablagerungen, die oft von Plankton mit kieselsäurehaltigem Skelett, den Radiolarien, stammen.

Steine finden und bestimmen

SCHWEDEN
NORWEGEN
FINNLAN
Rödö
Bottnischer Meerbusen
Bottensee
Åland
(FIN)
Dalarna
Uppland
Telemark
Oslogebiet
OSLO
Filipstad
STOCKHOLM
Sörmland
Vänernsee
Skagerrak
Väster-
götland
Vätternsee
Västervik
Gotland
Småland
Limfjord
Kattegat
Växjö
Kalmarsund
Öland
West-
Schonen
DÄNEMARK
KOPEN-
HAGEN
Seeland
Südost-
Schonen
OSTSEE
Bornholm
(DK)
Helgoland
BERLIN
POLEN
DEUTSCHLAND
TSCHECHISCHE
PRAG
REPUBLIK

Steine sammeln an der Nordsee

Die weiten Strände der Nordsee, das Wattenmeer mit seinen Prielen, die Gezeiten, das von Gräben durchzogene Vorland und die kilometerlangen Deiche lassen kaum vermuten, dass man auch an der Nordseeküste Steine sammeln kann. Im Vergleich mit der Ostseeküste sind die Fundstellen zwar weniger dicht gesät, aber dennoch gibt es viele Strandabschnitte, an denen es Geschiebe gibt.

Eisige Zeiten

Drei große Eiszeiten haben in den letzten 400 000 Jahren Norddeutschland geformt. Während die Elster- und die Saalekaltzeit bis nach Mitteldeutschland vordrangen, erreichten die Gletscher der jüngsten Vereisung, der Weichsel-Kaltzeit, Schleswig-Holstein nur in der Osthälfte. Die Grenze der Weichselvereisung verläuft im südlichen Jütland (DK) zunächst in Nord-Süd-Richtung, biegt südlich des Limfjordes dann zur Nordsee ab. Im Westen Schleswig-Holsteins und Jütlands bis zum Limfjord finden wir also Ablagerungen der älteren Eiszeiten, die nur

wenige Kalke führen. Viele Gesteine sind verwittert und zahlreiche Feuersteine zeigen eine typische Patina, die sich in Jahrtausenden gebildet hat. Auch windgekantete Steine, die in nacheiszeitlich abgelagerten Sanderflächen entstanden sind, können hier viel häufiger gefunden werden als an der Ostseeküste.

Gewachsener Fels

Sämtliche Steine, die wir an den norddeutschen Küsten finden, sind durch die eiszeitlichen Gletscher transportiert. Lediglich an der Kreideküste Rügens und auf Helgoland finden wir anstehendes, also am Ort seiner Entstehung gewachsenes Gestein. Die roten Felsen der einzigen Hochseeinsel Deutschlands bestehen aus Buntsandstein, auf der vorgelagerten Düne kann man an der Nordseite Trias- und Kreidegesteine aus dem Untergrund finden, die die Wellen an den Strand geworfen haben. An der Ostseite finden sich mächtige Strandwälle aus kleinen Steinen, in denen sich der berühmte Rote Feuerstein und viele eiszeitliche Geschiebe finden lassen.

Zwischen Dünen und Wattenmeer

Die nordfriesischen Inseln Amrum, Föhr und Sylt besitzen einen Geestkern, der bereits aus der vorletzten Eiszeit stammt. Wo Steilküsten den Geestkern anschneiden, kann man eiszeitliche Geschiebe finden. Aber selbst im Wattenmeer und am Grund von Dünentälern, dort wo der Wind alte Bodenschichten freigelegt hat, lassen sich Gesteine

und Fossilien entdecken. Der Kaolinsand auf Sylt ist vor 2 bis 3 Millionen Jahren von einem riesigen Flusssystem abgelagert worden. Einem Steinreichtum, wie wir ihn von vielen Ostseeküsten kennen, begegnen wir jedoch erst entlang der dänischen Nordseeküste. Je weiter wir nach Norden kommen, desto häufiger werden Gesteine mit norwegischer Heimat. Sie sind östlich von Rügen nahezu unbekannt. Auf der anderen Seite können wir von den nordfriesischen Inseln bis nach Nordjütland sogar Gesteine finden, die von den Åland-Inseln (FIN) stammen. Damit erwartet den Sammler an den Nordseestränden ein extrem weites geografisches Spektrum, jedoch mit einem Schwerpunkt auf Geschieben aus dem Oslo-Gebiet.

Schwerpunkt Norwegen
Vor rund 300 Millionen Jahren herrschte in der Region rund um die norwegische Hauptstadt ein ausgeprägter Vulkanismus, in dessen Folge sich zahlreiche Lavadecken aus porphyrischen und basaltischen Magmen abgelagert haben. Als das glühend heiße Magma auf Kalke und Schiefer aus dem Erdaltertum traf, wurden diese durch Kontaktmetamorphose verändert. Steine, die direkt oder indirekt mit dem Vulkanismus im Oslo-Gebiet in Verbindung stehen, sind an der Nordseeküste sehr viel leichter zu finden. Viele Sammler auf der Suche nach Rhombenporphyr, Oslobasalt und Larvikit wählen daher die dänische Nordseeküste als Urlaubsziel.

Auf einen Blick

- **Alter**
  295–275 Milionen Jahre
- **Herkunft**
  Oslo-Region (N)
- **Häufigkeit**
  sehr selten, nur in Nordjütland etwas häufiger

Drammen-Rapakivi

Drammen-Rapakivi-Granit hat eine rosa bis lachsfarbene Grundmasse. Wie bei allen Rapakivi-Graniten sind auch hier zwei Generationen von Feldspat und Quarz zu erkennen. In der Matrix aus feinkörnigem Feldspat schwimmen ein bis drei Zentimeter große Feldspat-Ovoide. Quarz kommt in Form grauer Körnchen vor, die man mit bloßem Auge gut erkennen kann, sowie in winzigen würfeligen Kristallen in der Grundmasse.

Auf einen Blick

- **Alter**
  295–275 Milionen Jahre
- **Herkunft**
  Oslo-Region (N)
- **Häufigkeit**
  selten

Drammen-Granit

Drammen-Granit hat dieselbe lachsrosa bis orange Farbe wie der Drammen-Rapakivi. Die grauen Quarze sind zahlreicher und auch etwas größer. Sie ziehen manchmal kettenförmig aneinandergereiht durch das Gestein. Kleine gelbe Plagioklase sind gelegentlich zu beobachten. Dunkle Minerale treten stark in den Hintergrund.

Auf einen Blick

- **Alter**
  > 1 Milliarde Jahre
- **Herkunft**
  Oslo-Region (N), Schweden, Bornholm (DK), Finnland
- **Häufigkeit**
  selten

Schriftgranit

Schriftgranit ist ein pegmatitisches Gestein, das aus rosa, orangen oder auch weißen riesigen Feldspat-Kristallen besteht, in die kleine graue Quarze schriftzeichenartig eingewachsen sind. Feldspat und Quarz sind aus der Gesteinsschmelze nahezu gleichzeitig auskristallisiert. Dabei bildeten sich lange Quarzbänder, die im Querschnitt wie kleine Fische im Feldspat zu schwimmen scheinen. Häufig werden sie auch mit Runen verglichen. Schriftgranit ist ein attraktives Sammlungsstück.

Auf einen Blick

- **> Alter**
  295–275 Milionen Jahre
- **> Herkunft**
  Oslo-Region (N)
- **> Häufigkeit**
  selten, nur in West- und Nordjütland häufiger

Larvikit

Larvikit ist im trockenen Zustand nur mit etwas Übung im Strandgeröll zu erkennen. Feuchtet man seine Oberfläche jedoch an, fallen die blau schillernden Feldspäte sofort ins Auge. Die dunklen Partien bestehen aus Augit und Biotit.
Larvikit ist unter der Bezeichnung „Blue Pearl" als Fassadenverkleidung und Küchenarbeitsplatte im Handel.

Auf einen Blick

- **> Alter**
  295–275 Milionen Jahre
- **> Herkunft**
  Oslo-Region (N)
- **> Häufigkeit**
  selten

Tønsbergit

Tønsbergit ist ein roter, porphyrischer Larvikit. In der lachsfarbenen bis orangeroten Grundmasse liegen graue, teils rhombenförmige Feldspäte. Bei einem hohen Matrixanteil kann man mitunter ein Fließgefüge bei den Feldspäten beobachten. Die Rotfärbung rührt von Hämatit her. An dunklen Mineralen kommen Biotit, Augit und Hornblende vor. Tønsbergit ist magnetisch.

Auf einen Blick

- **> Alter**
  295–275 Milionen Jahre
- **> Herkunft**
  Oslo-Region (N)
- **> Häufigkeit**
  selten

Nephelin-Syenit, Foyait

Nephelin-Syenit oder Foyait hat ein grobes, ophitisches Gefüge. Helle, fast weiße, leistenförmige Feldspat-Kristalle und dunkle Augite prägen sein Aussehen. Dazwischen liegen gedrungene, grauweiße bis bräunliche Körnchen von Nephelin, die in anderen, ähnlichen Gesteinen fehlen. Nephelin-Syenit ist am häufigsten in Nordjütland, andernorts selten und wie alle Oslogesteine östlich von Rügen unbekannt.

Auf einen Blick

- **Alter**
  295–275 Milionen Jahre
- **Herkunft**
  Oslo-Region (N)
- **Häufigkeit**
  sehr häufig in Nordjütland, gelegentlich in Schleswig-Holstein, östlich von Rügen nicht nachgewiesen

Rhombenporphyr

Rhombenporphyr ist aufgrund seiner rhombenförmigen Feldspat-Kristalle, die in einer rotvioletten bis braungrauen Grundmasse schwimmen, ein leicht kenntliches Leitgeschiebe. Man kennt in seiner Heimat 40 Lavadecken, die sich alle in der Menge, Anordnung und der spezifischen Ausbildung der Feldspat-Kristalle voneinander unterscheiden. Im Idealfall kann man Geschiebefunde den einzelnen Rhombenporphyr-Serien des Anstehenden zuordnen.

Auf einen Blick

- **Alter**
  295–275 Milionen Jahre
- **Herkunft**
  Oslo-Region (N)
- **Häufigkeit**
  selten in Nordjütland, anderswo sehr selten

Rektangelporphyr

Nur eine einzige Serie innerhalb der Rhombenporphyre, die RP13, weist rechteckige Feldspat-Kristalle auf. Die Matrix des Rektangelporphyrs ist dunkelgrau bis schwarz und feinkörnig bis dicht. Die eingelagerten Kristalle können gedrungen oder lang gestreckt sein, man unterscheidet nach ihrer Form verschiedene Typen des Rektangelporphyrs. Es besteht eine Verwechslungsgefahr mit einigen feldspatporphyrischen Basalten Schwedens, die aber häufig reinweiße, nicht zonierte Einsprenglinge führen.

Auf einen Blick

- **Alter**
  295–275 Milionen Jahre
- **Herkunft**
  Oslo-Region (N)
- **Häufigkeit**
  selten, gelegentlich in Nordjütland

Rhombenporphyr-Ignimbrit

Rhombenporphyr-Ignimbrite zeigen scharfkantige Gesteinstrümmer und einzelne Feldspat-Kristalle, die in einer feinkörnigen Grundmasse liegen. Ignimbrite sind Gesteine, die bei einem explosiven Vulkanausbruch aus pyroklastischen Strömen entstanden sind. Bruchstücke des eingestürzten Lavadoms sind hier in einer tuffartigen Matrix eingebettet. Man kennt diese Gesteine auch als Agglomeratlava.

Auf einen Blick

> **Alter**
> 295–275 Milionen Jahre
> **Herkunft**
> Oslo-Region (N)
> **Häufigkeit**
> selten, in Nordjütland gelegentlich

Bordvika-Ignimbrit

Bordvika-Ignimbrit fällt durch die sehr zahlreichen Einsprenglinge auf. Die Matrix ist violett bis grauschwarz. Die Quarze sind klein, blaugrau, rundlich. Noch häufiger sind die rosa-braunen Feldspat-Kristalle. Dunkle Basaltbrocken liegen als Xenolithe verteilt im Gestein. Bordvika-Ignimbrit wird auch als Drammen-Ignimbrit oder rhyolitischer Oslo-Quarzporphyr bezeichnet.

Auf einen Blick

> **Alter**
> 295–275 Milionen Jahre
> **Herkunft**
> Oslo-Region (N)
> **Häufigkeit**
> selten, in Nordjütland häufiger

Oslo-Basalt

Oslo-Basalte haben eine dunkle, meist grau-blaue bis grünschwarze Matrix. Auffälligstes Kennzeichen sind nadelförmige Plagioklas-Leisten, die manchmal sogar sternförmig angeordnet sein können. Manche Varianten führen dunkle, gedrungene Augit-Kristalle. Sind kleine, meist mit hellem Calcit gefüllte Gasbläschen vorhanden, spricht man von Oslo Basalt-Mandelstein. Fast alle Oslo-Basalte sind magnetisch.

Auf einen Blick

> **Alter**
> 295–275 Milionen Jahre
> **Herkunft**
> Oslo-Region (N)
> **Häufigkeit**
> selten, an der dänischen Nordseeküste gelegentlich

Grorudit

Grorudit besitzt eine grüne bis graugrüne Grundmasse. Kleine, rechteckige bis vieleckige Feldspat-Kristalle und wenige kurze Aegirin-Nadeln liegen fein verteilt in der Grundmasse. Der ähnliche Särna-Tinguait aus Dalarna (S) führt zusätzlich Biotit, Nephelin und Cancrinit. Aufgrund des höheren Quarzgehalts von Grorudit bildet dieser nicht die für Särna-Tinguait typische gelbliche Verwitterungskruste aus.

Auf einen Blick

- > **Alter**
  1,6 Milliarden Jahre
- > **Herkunft**
  Ostseegrund südöstlich von Åland
- > **Häufigkeit**
  gelegentlich

Roter Ostsee-Quarzpophyr

Der Rote Ostsee-Quarzporphyr fällt aufgrund seiner intensiven ziegelroten Farbe im Strandgeröll auf. Die namengebenden Quarze sind meist klein, hell, rundlich und heben sich deutlich von der feinkörnigen Matrix ab. Rote Feldspateinsprenglinge sind vorhanden, haben aber dieselbe Farbe wie die Grundmasse und fallen daher kaum auf. Charakteristisch sind dunkle, basaltische Fremdgesteinseinschlüsse. Je nach Verwitterungsgrad nehmen sie eine graugrüne bis gelbliche Farbe an. Häufig ist auch ein heller Reaktionssaum zu erkennen, der die Xenolithe umgibt.

Auf einen Blick

- > **Alter**
  1,6 Milliarden Jahre
- > **Herkunft**
  Åland-Inseln (FIN)
- > **Häufigkeit**
  gelegentlich

Åland-Quarzporphyr

Åland-Quarzporphyr besitzt eine braunrote bis ziegelrote Grundmasse. Auffällig sind viele Einsprenglinge, die aus rotem Kalifeldspat oder grauem Quarz bestehen. Plagioklas kommt vor, tritt aber nur selten in größeren Einzelkristallen auf. Die Quarze sind gerundet. Sie zeigen als Zeichen einer erneuten Anschmelzung bereits fertiger Kristalle beim Magmenaufstieg häufig tiefe Löcher in ihrer Oberfläche. Kleine Aggregate von dunklen Mineralen sowie Xenolithe können vorkommen.
Neben der hier gezeigten braunen Variante, die sogar noch dunkler sein kann, gibt es auch solche mit einer leuchtend ziegelroten Matrix (vgl. S. 64).

Auf einen Blick

> **Alter**
295–275 Millionen Jahre
> **Herkunft**
Oslo-Region (N)
> **Häufigkeit**
an der Ostsee sehr selten, etwas häufiger in Nordjütland

Oslo-Quarzporphyr

Es gibt im Oslo-Gebiet mehrere Quarz führende Porphyre, die eine hellgraue, gelbe, rote, braune oder selten auch dunkle Grundmasse besitzen. Die Feldspäte sind meist klein und haben rötliche Farbtöne. Quarz kommt teils reichlich in runden, grauen Körnchen vor. Die meisten Porphyre sind in Gängen oder geringmächtigen Decken entstanden. Es gibt einige Varianten mit einer felsitisch dichten Grundmasse, viele sind jedoch feinkörnig. Der Kontrast zwischen Einsprenglingen und Grundmasse ist nur selten so deutlich wie bei den Dala- oder Åland-Porphyren. Die bekanntesten Arten sind Horn-, Akerit- oder Drammen-Quarzporphyr. Als Faustregel gilt, dass sie in West- und Nordjütland weit häufiger sind als an der Ostseeküste.

Auf einen Blick

> **Alter**
1,7 Milliarden Jahre
> **Herkunft**
Dalarna, Schweden
> **Häufigkeit**
häufig

Bredvad-Porphyr

Bredvad-Porphyr ist gleichmäßig rot und führt kleine, ebenfalls rote Feldspat-Kristalle. Gelbliche bis grüne Plagioklase sind vorhanden, befinden sich aber in der Unterzahl. Häufig wittern die Einsprenglinge aus und hinterlassen kleine Löcher auf der Oberfläche des Gesteins. Verwitterte Geschiebe sind sehr hell blassrot. Ein sicheres Unterscheidungsmerkmal zum Roten Ostsee-Quarzporphyr ist das Fehlen von Quarz. Die Grundmasse ist sehr dicht und homogen. Gelegentlich findet man jedoch Varietäten mit ignimbritischen Strukturen in Form von flammenartigen Schlieren. Bredvad-Porphyr ist der häufigste der Dala-Porphyre.

Auf einen Blick

- **Alter**
  500 Millionen bis 2 Milliarden Jahre
- **Herkunft**
  Skandinavien
- **Häufigkeit**
  häufig

Quarzit

Relativ häufig findet man am Strand weiß oder gelb gefärbte, oftmals durchscheinende Quarzite. Quarzite sind metamorph überprägte Sandsteine. Durch den hohen Druck sind die ursprünglichen Sandkörnchen nicht mehr erkennbar, aber manchmal hat sich die einstige Schichtung des Sandsteins erhalten. Sie lässt sich an den unterschiedlichen Farbbändern des Gesteins erkennen.

Auf einen Blick

- **Alter**
  > 1 Milliarde Jahre
- **Herkunft**
  Skandinavien
- **Häufigkeit**
  sehr häufig

Quarzit

Wie kleine Bonbons liegen rote, violette, weiße, rosa, orange oder gelb gefärbte Quarzite im Nordseesand, an einigen Stränden sogar massenhaft. Fast immer sind sie einfarbig. Einige von ihnen zeigen verheilte Risse. Der Großteil von ihnen lässt sich weder einer Formation noch einem Herkunftsgebiet zuordnen. Die zartvioletten Quarzite scheinen jedoch aus Norwegen zu stammen, da sie an der dänischen Nordseeküste häufiger sind als an der Ostsee.

Auf einen Blick

- **Alter**
  > 1 Milliarde Jahre
- **Herkunft**
  Skandinavien
- **Häufigkeit**
  sehr häufig

Milchquarz

Im Kaolinsand von Sylt, aber auch an allen anderen Stränden der Nord- und seltener auch der Ostsee lassen sich milchig trübe bis undurchscheinend weiße Quarze finden. Sie sind meist als Gangquarz entstanden. Durch ihre große Härte haben sie die Erosion besser überstanden als das Muttergestein. Milchquarze kommen auch in Konglomeraten verschiedener Formationen vor. Die weiße Farbe rührt von eingelagerten Flüssigkeiten her, mit zunehmendem Metamorphosegrad nimmt die Transparenz zu.

Auf einen Blick

> **Alter**
> 275–295 Millionen Jahre
> **Herkunft**
> Oslo-Region (N)
> **Häufigkeit**
> selten, in Nordjütland häufiger

Hornfels

Hornfels ist bunt. Er kann grün, grau, braun, gelb oder violett gefärbt sein. Er ist kieselig, hart und splittrig. Kalke und Schiefer des frühen Paläozoikums sind im Perm durch glühend heiße Lava „gefrittet" worden. Durch diese Kontaktmetamorphose sind die ursprünglichen Sedimente in Hornfels umgewandelt worden. Hornfels eignet sich sehr gut als Trommelstein, seine Farbigkeit macht ihn zu einem begehrten Sammelobjekt.

Auf einen Blick

> **Alter**
> 900 Millionen Jahre
> **Herkunft**
> Telemark (N)
> **Häufigkeit**
> selten

Hornblendefels

Hornblendefels hat eine helle, schmutzig weiße bis beige-gelbe, sehr dichte Grundmasse, in der dunkelgrüne, nadelförmige Hornblende-Kristalle eingewachsen sind. Die Matrix besteht überwiegend aus Feldspat und etwas Quarz. Die Hornblendenadeln können mehrere Zentimeter lang werden. Sie sind häufig parallel zueinander ausgerichtet.

Auf einen Blick

> **Alter**
> > 1 Milliarde Jahre
> **Herkunft**
> Skandinavien
> **Häufigkeit**
> sehr häufig

Gneis

Gneise sind Umwandlungsgesteine, die durch Druck und Hitze meist aus magmatischen Gesteinen hervorgegangen sind (Orthogneis), aber auch in Sedimentgesteinen ihren Ursprung haben können (Paragneis). Sie zeigen eine typische Streifung, die durch den gerichteten Druck hervorgerufen wird. Ein typischer Orthogneis zeigt dieselben Farben wie Granit, da auch er aus Feldspat (rot), Quarz (weiß) und Glimmer (schwarz) besteht.

Auf einen Blick

- **Alter**
  245 Millionen Jahre (Trias: mittlerer Buntsandstein)
- **Herkunft**
  Helgoland (Hauptinsel)
- **Häufigkeit**
  auf Helgoland sehr häufig

Buntsandstein

Der insgesamt 1000 m mächtige Buntsandstein verleiht der 56 m hohen Felseninsel Helgoland ihre berühmte Farbe. In den unteren Lagen ist der Sandstein braunrot dickbankig eingeschaltet finden sich helle Sandsteinbänder. Der obere Bereich ist violettrot und führt graugrüne tonige Lagen. Die Rotfärbung ist auf Eisenverbindungen zurückzuführen. Häufig sieht man Trockenrisse, die auf das aride Klima in der Trias zurückzuführen sind. Fossilien sind sehr selten.

Auf einen Blick

- **Alter**
  240 Millionen Jahre (Trias: Muschelkalk)
- **Herkunft**
  Helgoland (Düne)
- **Häufigkeit**
  häufig

Muschelkalk

Muschelkalk erreicht auf Helgoland eine Mächtigkeit von insgesamt 300 m. Er teilt sich in einen unteren, mittleren und oberen Teil. Im unteren Muschelkalk finden sich häufig Rippelmarken, was zur Bezeichnung „Wellenkalk" geführt hat. Muschelkalk bildet ein Riff zwischen Hauptinsel und Düne. Am Nordstrand der Düne finden sich Muschelkalk-Gerölle, die teils fossilführend sind.

Auf einen Blick

- **Alter**
  240 Millionen Jahre (Trias: Muschelkalk)
- **Herkunft**
  Helgoland (Düne)
- **Häufigkeit**
  häufig

Muschelkalk

Neben graugrünen Mergelkalken kommen auf Helgoland auch helle dolomitische Kalke und Mergel vor. Häufig sind sie von rezenten Bohrwürmern angebohrt, deren stecknadelkopfgroße Gangöffnungen auf der Gesteinsoberfläche ein dichtes Muster bilden können. Neben Muscheln und Brachiopoden können sogar Zähne und Knochen von Meeresreptilien (*Nothosaurus*) gefunden werden.

Auf einen Blick

- **Alter**
  120 Millionen Jahre (Untere Kreide: unteres Apt)
- **Herkunft**
  Helgoland (Düne)
- **Häufigkeit**
  gelegentlich

Töck

Gelegentlich findet man am Nordstrand der Düne dunkelgraue bis fast schwarze, fein geschichtete und recht feine Stücke von Töck, was so viel wie „Nebel“ bedeutet. Die dunkle Farbe des Sediments ist auf Sauerstoffarmut während der Bildungszeit zurückzuführen. Dieser Schwarzschiefer führt nicht selten Teile oder gar komplette Exemplare eines Schnabelfisches (*Belonostomus*). Durch die anoxischen Bedingungen verwesten auf den Meeresgrund gesunkene Lebewesen nur sehr langsam, weshalb Fische häufig mit ihrem Schuppenkleid erhalten sind. Dieses auch Fischschiefer genannte Sediment ist etwa einen Meter mächtig.

Auf einen Blick

- **Alter**
  120 Millionen Jahre (Untere Kreide: mittleres bis oberes Apt)
- **Herkunft**
  Helgoland (Düne)
- **Häufigkeit**
  häufig

Minimus-Kreide

Am Nordstrand der Helgoländer Düne findet man häufig hellgelbe bis beigebraune Blöcke, die einer harten Kalkbank entstammen. Sie führen einen kleinen Belemniten mit relativ stumpfem Hinterende, Neohibolites minimus. Daneben finden sich häufig Gerölle in das Sediment eingebettet. An Fossilien kennt man Ammoniten (*Hoplites*), Muscheln (*Inoceramus*) und Brachiopoden. Bei extremem Niedrigwasser ragt die 1,5 m mächtige Minimus-Kreide etwas über die Wasseroberfläche empor.
Häufig findet man auf der Düne lose Fossilien wie den an beiden Enden leicht zugespitzten Belemniten Neohibolites jaculoides, einzelne Gehäusekammern von Ammoniten (*Crioceras*), die man als „Helgoländer Katzenpfötchen“ kennt, und den spiralig eingerollten Kalkröhrenwurm Rotularia phillipsi. Diese stammen aus dem Hauterive und sind mit 130 Millionen Jahren etwas älter.

Auf einen Blick

- **> Alter**
  60–70 Millionen Jahre (obere Kreide bis unteres Tertiär)
- **> Herkunft**
  Norddeutschland, Dänemark, Südschweden
- **> Häufigkeit**
  sehr häufig

Feuerstein

Frischer, unverwitterter Feuerstein ist tiefschwarz, wenn er in der oberen Kreidezeit gebildet wurde, oder grau, wenn er aus den Schichten des ältesten Tertiärs (Danium) stammt. Manchmal ist Feuerstein noch in das kreidige (abreibbar) oder verkieselte (mit Fingernagel nicht ritzbar) Muttergestein eingebettet. Die weiße Kruste auf vielen Feuersteinen besteht aus Opal und nicht aus Kreide, wie man vermuten möchte.

Auf einen Blick

- **> Alter**
  60 Millionen Jahre (unterstes Tertiär)
- **> Herkunft**
  Dänemark, Schonen (SE)
- **> Häufigkeit**
  sehr häufig

Gelber Feuerstein

Durch Verwitterung und Imprägnierung mit Eisensalzen nimmt Feuerstein gelbe, braune und rote Farbtöne an. Vor allem Ackerfunde zeigen eine typische Patina. Windgeschliffene Feuersteine zeigen einen charakteristischen Glanz („Wüstenlack"). Solche Feuersteine findet man häufig in Dünentälern oder auf freigewehten Böden der Geest.

Auf einen Blick

- **> Alter**
  90 Millionen Jahre (obere Kreide: Turon)
- **> Herkunft**
  Helgoland
- **> Häufigkeit**
  gelegentlich

Roter Feuerstein

Roter Feuerstein besitzt einen tiefroten Kern, zeigt außen jedoch häufig eine schwarze oder weiße Kruste und unterscheidet sich somit kaum von den „normalen" Feuersteinen am Nord- und Ostseestrand. Besonders bei nassen Geröllen schimmert aber der rote Kern durch.
Roten Feuerstein gibt es nur auf Helgoland. An anderen Fundorten ist der Feuerstein durch Eisenverbindungen von außen rot eingefärbt, zeigt aber im Inneren meistens noch den ursprünglichen grauen Farbton (vgl. S. 87).

Moler, Zementstein

Auf einen Blick

- **Alter**
  55 Millionen Jahre (Tertiär: Eozän)
- **Herkunft**
  Nordjütland (DK).
- **Häufigkeit**
  sehr häufig am Limfjord, andernorts eher selten.

Moler (dänisch: ler = Ton) ist ein weiches, helles Sediment, das zu einem Drittel aus Ton und zu zwei Dritteln aus fossilen Skeletten von Kieselalgen (Diatomeen) besteht. Durch die Einlagerung von Kalk entstehen brotlaibförmige Konkretionen oder durchgehende Kalksteinbänke, die als Zementstein bezeichnet werden. Zementstein ist grau, hart und bricht scherbig. In die Schichtenfolge des Moler sind insgesamt 179 dunkle Aschelagen eingeschaltet, die aus dem Vulkanismus infolge der Öffnung des Atlantiks zwischen Hebriden und Faröer-Inseln im frühen Tertiär herrühren. Sowohl im Moler als auch im Zementstein finden sich zahlreiche Fossilien, überwiegend Insekten und Fische, aber auch Schlangensterne, Reptilien und Vögel.

Limonit-Sandstein, Hexenschüsseln

Auf einen Blick

- **Alter**
  5–50 Millionen Jahre (Tertiär)
- **Herkunft**
  Norddeutschland, Dänemark
- **Häufigkeit**
  gebietsweise häufig

Limonit wird auch als Brauneisenstein bezeichnet. Eisenoxide haben einen weichen, zumeist glimmerhaltigen Sandstein imprägniert. Dabei entstand eine braune feste Kruste, die einen manchmal noch weichen Kern umschließt. Platzt die Limonitkruste schalig ab, spricht man von Hexenschüsseln. Der Sage nach haben Zwerge in unterirdischen Schmieden die merkwürdigen Gebilde hergestellt. Andere Sandsteine sind völlig „verrostet“. Auf den Schichtflächen kann man häufig Muscheln und Schnecken entdecken, meist in Steinkernerhaltung, die ursprüngliche Schale hat sich aufgelöst. Man unterscheidet je nach Alter, Fauna und Herkunftsgebiet mehrere Varianten, deren bekannteste das Flensburger, Holsteiner oder Sternberger Gestein sind.

Steine sammeln an der Ostsee

Mit Ausnahme der Kreidefelsen von Rügen sind alle Ostseeküsten Norddeutschlands eiszeitlichen Ursprungs. Geschiebemergel und Schmelzwassersande bauen die bis 30 Meter hohen Kliffs auf.

Gletscher und Gesteine

Vor rund 115.000 Jahren sanken die Durchschnittstemperaturen weltweit deutlich. Über den Kaledoniden, dem Grenzgebirge zwischen Norwegen und Schweden bildete sich ein mächtiger Eispanzer. Gletscherzungen rückten südwärts vor. Sie nahmen auf ihrem Weg Gesteinsschutt auf, der bereits vorhanden war oder durch Frostsprengung aus dem gewachsenen Felsen Skandinaviens herausplatzte. Gletscher, die aus verschiedenen Richtungen vorrückten, vereinten sich. Da sich die Gesteine innerhalb der verschiedenen Gletscher dabei bewegten, mischte sich das Material aus den unterschiedlichen Gebieten. Die ursprünglich kantigen Gesteinstrümmer wurden abgeschliffen. Nach dem Abtauen der Gletscher blieben die Felsbrocken als sogenannte Geschiebe im norddeutschen Sand zurück.

Steinreich
Gesteine aus Norwegen, Schweden, Dänemark, dem Ostseegrund, Finnland oder den baltischen Staaten finden sich nebeneinander auf wenigen Metern Ostseestrand. An keinem anderen Ort der Welt findet sich eine derart beeindruckende Vielfalt. Die steinreichen Strände zwischen Flensburg und Greifswald laden ein zum Sammeln von Gesteinen, Mineralen und Fossilien.
Dabei hat jede Küste ihren eigenen Schwerpunkt was die Zusammensetzung der Geschiebegemeinschaft angeht. Naturgemäß findet man auf Rügen häufiger Gesteine mit Heimat auf Bornholm, in Schleswig-Holstein Geschiebe südschwedischer Herkunft und in Nordjütland norwegische Steine. Aber grundsätzlich können wir an jeder Küste jedes Gestein finden.

Ein Kontinent in unvordenklichen Zeiten
Vor rund 500 Millionen Jahren lag der Kontinent Baltica in Höhe des südlichen Wendekreises, also etwa 3.000 Kilometer südlich des Äquators. Seit dieser Zeit driftet er immer weiter nach Norden. Seine geologische Geschichte reicht jedoch mehr als 3 Milliarden Jahre zurück. Hoch im

Norden Finnlands, in Karelien und auf der Kola-Halbinsel finden sich Gesteine mit einem Alter von 2,5 - 3,5 Milliarden Jahren. Später haben sich kleinere Kontinentalplatten im Südwesten angelagert. Den Kern von Baltica bilden die Svekofenniden. Der Name setzt sich aus „Schweden“ und „Finnland“ zusammen. Man unterscheidet einen nördlichen, zentralen und südlichenTeil, die ein Alter von 1,75 - 1,9 Milliarden Jahren haben. Der transskandinavische Magmatitgürtel (TMG) erstreckt sich von Småland über Värmland bis nach Dalarna. Die hier anzutreffenden Porphyre und Granite sind zwischen 1,65 und 1,8 Milliarden Jahre alt. Rapakivi-Plutone durch- drangen vor 1,6 Milliarden Jahren an mehreren Stellen in Finnland und im östlichen Schweden in das Grundgebirge. Am bekanntesten sind die Åland-Inseln. Die südwestschwedische Gneisregion schließt sich westlich an den TMG an. Sie entstand vor 1,55 - 1,7 Milliarden Jahren. Vor 0,9 - 1,2 Milliarden Jahren wurden die Gesteine dieser Gegend durch Gebirgsdruck umgewandelt.
Die mit 900 Millionen Jahren jüngsten Granite Skandinaviens finden sich in Südnorwegen und in Bohuslän. Die Kaledoniden bildeten sich vor 510 - 410 Millionen Jahren und schoben sich auf das präkambrische Grundgebirge. Intensiver Vulkanismus prägte die Oslo-Region vor 310 -

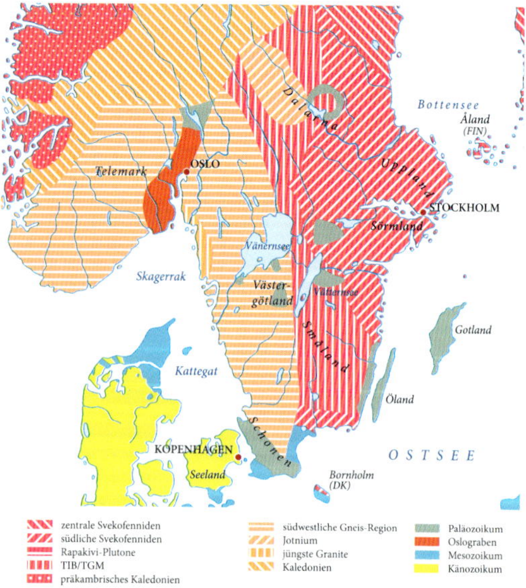

245 Millionen Jahren. Von Nordjütland durch das südliche Schonen und Bornholm bis weit nach Polen erstreckt sich eine Störungszone, entlang derer im Erdaltertum das Grundgebirge mehrere Kilometer tief abgesank. Südlich dieser Zone finden sich dann jüngere Ablagerungen der Erdgeschichte.

Ein Eldorado für Sammler

Diese vielfältige Entstehungsgeschichte mit unterschiedlichen Gebirgsbildungsphasen, Granitplutonen im Untergrund, ausgeprägtem Vulkanismus und metamorphen Umbildungsphasen beschert dem Geschiebesammler ein schier unendlich reiches Spektrum an Gesteinen. Auch dem Fossiliensammler bieten sich an den Stränden der Ostsee vielfältige Fundmöglichkeiten. In Kalken und Sandsteinen von Kambrium bis Tertiär lassen sich Versteinerungen aller Erdzeitalter und aller Tier- und Pflanzengruppen entdecken. Wer mag, kann in den kleinen Kieseln lose Fossilien wie Donnerkeile, Seeigel, Schwämme und Armfüßer sammeln. Ein einmaliges Eldorado für Sammler, das es in dieser Vielfalt an keinem anderen Ort der Welt gibt. Und das macht das Sammeln an Nord- und Ostsee so spannend.

Auf einen Blick

- **Alter**
  1,6 Milliarden Jahre
- **Herkunft**
  Åland-Inseln (FIN)
- **Häufigkeit**
  häufig

Rapakivi-Granit (Wiborgit)

Der fleischrote bis ziegelrote Åland-Rapakivigranit ist leicht bestimmbar. Die großen runden Kalifeldspat-Kristalle besitzen fast immer einen Ring aus dunklem Plagioklas. Man nennt diese kugeligen Einsprenglinge auch Ovoide, der Granit erhält durch sie ein porphyrisches Gefüge. Rapakivis enthalten zwei Generationen von Feldspat und Quarz. Zur ersten Generation gehören die Feldspat-Ovoide und die großen dunkelgrauen Quarze in der Grundmasse. Die dazwischenliegende Matrix besteht aus dem Feldspat der zweiten Generation mit grafisch eingewachsenen, winzig kleinen Quarzen. Mit der Lupe kann man diese Besonderheit gut erkennen. Bei verwitterten Geschieben können die Ringe eingetieft sein.

Auf einen Blick

- **Alter**
  1,5 Milliarden Jahre
- **Herkunft**
  Rödö, Västernorrland (SE)
- **Häufigkeit**
  selten

Rödö-Granit

Rödö-Granit ist ziegelrot. Er zeigt zahlreiche dunkle Chlorit-Flecken auf der Oberfläche und besitzt, im Gegensatz zum Åland-Rapakivi, helle Quarze. Mit der Lupe kann man die grafischen Verwachsungen von Quarzen der zweiten Generation in der Grundmasse gut erkennen. Auffällig sind die gelben Plagioklase, die sogar Ringe und die Kalifeldspäte bilden können, sodass ein wiborgitisches Gefüge entsteht. Rödö-Granit kann mit weißem Calcit gefüllte Drusen führen, was bei den skandinavischen Graniten einzigartig ist. Der Nachweis kann mit Säure erfolgen, Kalkspat schäumt beim Beträufeln auf. In der Regel sind diese Drusen aber ausgewittert und hinterlassen tiefe Löcher auf der Oberfläche.

Auf einen Blick

> **Alter**
> 1,8 Milliarden Jahre
> **Herkunft**
> Småland (SE)
> **Häufigkeit**
> gelegentlich

Mariannelund-Granit

Der Mariannelund-Granit gehört zu den Småland-Graniten und führt demzufolge wie viele andere Granite aus dieser Region blaue Quarze. Die rosaroten bis orangen Kalifeldspäte sind groß. Der dunkle Glimmer ist in dünnen Streifen in die Feldspäte eingewachsen, ein gutes Erkennenungsmerkmal.

Auf einen Blick

> **Alter**
> 1,8 Milliarden Jahre
> **Herkunft**
> Småland (SE)
> **Häufigkeit**
> häufig

Rosa Växjö-Granit

Der Rosa Växjö-Granit führt rosa Kalifeldspat, gelben Plagioklas und bläulichen Quarz. Nasse Geschiebe fallen durch ihre Farbigkeit im Strandkies auf. Das Gefüge ist mehr oder weniger gleichkörnig. Viele Växjö-Granite führen große, dunkle Xenolithe. Es gibt viele graue und rotgraue Varianten von Graniten des Växjö-Typs, denen die blaugrauen Quarze gemein sind.

Auf einen Blick

> **Alter**
> 1,8 Milliarden Jahre
> **Herkunft**
> Småland (SE)
> **Häufigkeit**
> gelegentlich

Uthammar-Granit

Auffälligstes Kennzeichen des Uthammar-Granits sind die großen roten Kalifeldspäte, die rechteckige, teils miteinander verwachsene Kristalle bilden können. Dazwischen findet sich viel weißer Quarz in Schlieren. Eigenständige Quarzkörnchen können darin eingebettet sein. Biotit kommt vor, spielt jedoch nur eine untergeordnete Rolle.

Auf einen Blick

- **Alter**
  1,9 Milliarden Jahre
- **Herkunft**
  Uppland (SE)
- **Häufigkeit**
  gelegentlich

Uppsala-Granit

Uppsala-Granit ist gleichkörnig, enthält weiße Feldspäte und bläuliche Quarze, die im trockenen Zustand nur schwer zu unterscheiden sind. Feuchtet man die Oberfläche an, so heben sich die blauen Quarze deutlich ab. Dunkle Minerale wie Biotit und Hornblende nehmen einen hohen Anteil ein. Da Biotit relativ schnell verwittert, hat das Gestein häufig eine sehr unebene Oberfläche.
Nahezu alle Schwarz-Weiß-Granite (Uppsala-, Sala-, Arnö-, Stockholm-Granit) stammen aus Uppland, aber natürlich gibt es Ausnahmen (Revsund-Granit aus Ångermanland).

Auf einen Blick

- **Alter**
  1,95 Milliarden Jahre
- **Herkunft**
  Uppland (SE)
- **Häufigkeit**
  selten

Vänge-Granit

Der Vänge-Granit gehört zu den ältesten Graniten Skandinaviens, die wir als Geschiebe am Strand finden können. Die Kalifeldspäte sind rosa bis fleischfarben. Plagioklas kommt in kleinen, teils eigengestaltigen Kristallen vor. Er ist schmutzig weiß bis blassrosa oder gelb und häufig um die Kalifeldspäte herumgruppiert. Biotit kommt in kleinen Aggregaten vor. Auffälligstes Kennzeichen ist der blassgrüne bis gelbliche, zuckerige Quarz, der flecken- oder schlierenartig durch das Gestein zieht. Vänge-Granit kommt in der Nachbarschaft des Uppsala-Granits vor, ist jedoch etwas kieselsäurereicher.

Auf einen Blick

- > **Alter**
  1,4 Milliarden Jahre
- > **Herkunft**
  Bornholm (DK)
- > **Häufigkeit**
  selten

Almindingen-Granit

Almindingen-Granit ist ein heller, feinkörniger, fast aplitischer Hammer-Granit. Wie bei allen Bornholm-Graniten sind die Korngrenzen der Kristalle undeutlich. Ein feiner Hämatit-Überzug läuft schlierenartig über die Kristallgrenzen hinweg. Glimmer kommt nur in kleinen Flecken vor.
Manchmal sind die dunklen Biotit-Nester flaserig in die Länge gezogen, man spricht dann von Bornholm-Streifengranit.

Auf einen Blick

- > **Alter**
  1,4 Milliarden Jahre
- > **Herkunft**
  Bornholm (DK)
- > **Häufigkeit**
  häufig

Vang-Granit

Vang-Granit ist an den vielen runden Biotitnestern gut zu erkennen, was ihn deutlich von den helleren Hammer-, Svaneke- oder Almindingen-Graniten unterscheidet. Auch beim Vang-Granit sind die Kristallgrenzen von rosa Kalifeldspat, gelbem Plagioklas und hellem Quarz nur sehr undeutlich ausgeprägt. Hämatit kommt fleckenhaft in dem Gestein verteilt vor. Am besten ist dieses Merkmal auf einer frischen Bruchfläche zu erkennen. Einige Vang-Granite erhalten durch streifig deformierten Biotit ein gneisartiges Gefüge.

Auf einen Blick

- > **Alter**
  1,8 Milliarden Jahre
- > **Herkunft**
  Värmland/Östergötland über Närke bis Dalarna (SE)
- > **Häufigkeit**
  gelegentlich

Filipstad-Granit

Die vielgestaltige Gruppe der Filipstad-Granite führt abgerundete, braune bis braunviolette Kalifeldspäte, manche mit orangem Plagioklas-Saum. Plagioklas liegt in kleinen Kristallen vor, die hell, gelb oder orange sein können. Quarz ist weiß bis hellblau. Biotit kommt reichlich vor, ist zu kleinen Aggregaten zusammengefasst. Manchmal finden sich Hornblende- und/oder Titanit-Kristalle. In der Kombination von orangen Plagioklas-Säumen, braunen Kalifeldspäten und himmelblauen Quarzen sind Filipstad-Granite gut von Småland-Graniten zu unterscheiden.

Auf einen Blick

- > **Alter**
  1,7 Milliarden Jahre
- > **Herkunft**
  Dalarna (SE)
- > **Häufigkeit**
  gelegentlich

Siljan-Granit

Der Siljan-Granit zeichnet sich durch seine kräftigen Farben aus. Besonders nasse Gerölle zeigen tiefroten Kalifeldspat und gelben Plagioklas, die in deutlichem Kontrast zueinander stehen. Der Quarz ist grau und häufig, bleibt aber relativ unscheinbar. Biotit spielt nur eine untergeordnete Rolle. Siljan-Granit ist relativ gleichkörnig, wobei die Kalifeldspäte etwas größer als die Plagioklase sind. Manchmal bildet der Plagioklas helle Ringe um die Kalifeldspäte. Bei dem ähnlichen Garberg-Granit, der aus derselben Region stammt und dasselbe Alter besitzt, ist die Ringbildung noch ausgeprägter, er hat ein deutlich porphyrisches Gefüge. Viele große rote Kalifeldspäte schwimmen in der feinkörnigen Matrix.

Auf einen Blick

- **Alter**
  > 1 Milliarde Jahre
- **Herkunft**
  Skandinavien
- **Häufigkeit**
  gelegentlich

Diorit

Diorit besteht nahezu ausschließlich aus dunkelgrüner bis schwarzer Hornblende und weißem Plagioklas. Die Hornblende-Kristalle sind kurz, gedrungen, und zeigen den typischen Glanz. Das Gestein ist meist fein- und gleichkörnig, d. h. die einzelnen Kristalle beider Komponenten sind gleich groß. Aufgrund seines Aussehens wird Diorit oft mit „Pfeffer und Salz" in Verbindung gebracht. Diorit ist ein Tiefengestein, enthält jedoch keinen Quarz. Das Gestein kann Pyroxene wie Augit führen. Diorit ist niemals bunt.

Auf einen Blick

- **Alter**
  > 1 Milliarde Jahre
- **Herkunft**
  Schweden, Finnland
- **Häufigkeit**
  gelegentlich

Gabbro

Gabbro ist dunkler als der vergleichbare Diorit und meistens grobkörnig. Hauptbestandteil sind Pyroxene wie Augit, die zentimetergroße Kristalle bilden können. Oftmals sind diese ausgewittert und hinterlassen dann Einsenkungen auf der Gesteinsoberfläche. Plagioklas ist das zweithäufigste Mineral, ist meist weiß, kann aber auch rötliche Farbtöne annehmen. Hornblende, Magnetit und Biotit können ebenfalls auftreten. Gabbro ist ein Tiefengestein, das in mehr als 5 km Tiefe aus einem basaltischen Magma erstarrt ist. Manchmal führt Gabbro kleine tiefrote Granatkörnchen, wird dann als Granatgabbro oder Granatcoronit bezeichnet. Auch Olivingabbros mit grünen Olivinkristallen und dunklem Hornblendering sind bekannt.

Auf einen Blick

> **Alter**
> 180 Millionen Jahre
> **Herkunft**
> Schonen (SE)
> **Häufigkeit**
> gelegentlich

Schonen-Basalt

Schonen-Basalt ist dunkel, blaugrau bis schwarz. Auf seiner Oberfläche finden sich häufig Löcher oder rostfarbene Flecken, die aus der Verwitterung einst grüner Olivinkörnchen herrühren, wie man sie in den Lavabrocken auf den Kanarischen Inseln häufig findet. Basalt erstarrt in Säulen, die in Schonen maximal 30 cm Durchmesser erreichen. Somit ist die maximale Größe von Basaltgeschieben mit diesem Herkunftsgebiet beschränkt.

Auf einen Blick

> **Alter**
> 300 Millionen Jahre
> **Herkunft**
> Nordwest-Schonen (SE)
> **Häufigkeit**
> selten

NW-Dolerit

Ein Dolerit ist ein dem Basalt ähnliches Ganggestein, das zwischen Plutonit und Vulkanit steht. Es ist feinkörniger als ein Gabbro, aber grobkörniger als ein Basalt. NW-Dolerit kommt im nordwestlichen Schonen vor. Auffällig sind die regellos im Gestein verteilten dünnen Plagioklas-Leisten. Seinen Namen trägt das Gestein aufgrund der NW-Ausrichtung der permischen Eruptivgänge in Schonen.

Auf einen Blick

> **Alter**
> 300 Millionen Jahre
> **Herkunft**
> Västergötland (SE)
> **Häufigkeit**
> häufig

Kinne-Diabas

Kinne-Diabas gehört zu den am leichtesten kenntlichen Leitgeschieben. Seine gefleckte Oberfläche macht das Gestein, vor allem im trockenen Zustand, nahezu unverwechselbar. Olivin ist verwittert und lässt die Augite narbig hervortreten.
Kinne-Diabas findet sich noch heute als Kappe auf den Tafelbergen Västergötlands. Durch seine Härte hat er die unterlagernden weichen Sedimente vor dem Abtrag durch die eiszeitlichen Gletscher geschützt.

Auf einen Blick

> **Alter**
1,6 Milliarden Jahre
> **Herkunft**
Ostseegrund
> **Häufigkeit**
gelegentlich

Ostsee-Melaphyr

Melaphyre und Melaphyr-Mandelsteine sind dunkle Gesteine vulkanischen Ursprungs, die ein porphyrisches Gefüge besitzen. Die Hohlräume der aufgeschäumten Lava füllen sich mit Mineralen wie Calcit (weiß), Quarz (weiß) oder Chlorophäit (grün). Auch Schlieren und unregelmäßige Flecken dieser Minerale treten auf. Bei der Verwitterung entstehen tiefe Löcher auf der Gesteinsoberfläche. Helle bis rote Feldspateinsprenglinge sind gelegentlich vorhanden. In seltenen Fällen zeigen die Hohlräume wunderschöne, bis über 1 cm große Achatfüllungen mit Uruguay-Bänderung.
Melaphyre gibt es in verschiedenen Gebieten Skandinaviens. So kann auch Rhombenporphyr aus dem Oslo-Gebiet (s. S. 24) als Mandelstein gefüllte Gasblasen enthalten.

Auf einen Blick

> **Alter**
300 Millionen bis 2 Milliarden Jahre
> **Herkunft**
Oslo-Region (N), Dalarna, Småland (SE)
> **Häufigkeit**
gelegentlich

Ignimbrit

Ignimbrite sind aus vulkanischen Glutwolken (pyroklastischen Strömen) entstanden. Durch den Stein laufen sogenannte Fiammen, flammenartige Bimsschlieren oder geschäumte, glasartige Fladen. Durch Temperaturen jenseits von 600 °C sind die einzelnen Gesteinskomponenten miteinander verschmolzen. Häufig finden sich rote oder gelbe Feldspateinsprenglinge. Ignimbrite aus Småland führen in der Regel Quarze, solche aus Dalarna nicht. In der Oslo-Region sind verschiedene Ignimbrite entstanden. Im Idealfall sind hier Feldspat-Rhomben in die Matrix eingebacken. Ein leicht kenntlicher norwegischer Typ ist der Bordvika-Ignimbrit (s.S. 26). Auch Hälleflint (s. S. 76) kann ignimbritisch ausgebildet sein.

Auf einen Blick

- **Alter**
  1,6 Milliarden Jahre
- **Herkunft**
  Åland-Inseln (FIN)
- **Häufigkeit**
  sehr selten

Åland-Ignimbrit

Åland-Ignimbrit ist sehr selten, aber auch besonders schön. Das Vorkommen im Anstehenden Ålands misst nur rund 100 m im Durchmesser. Die Farbe der Grundmasse variiert zwischen Rot, Braun und Violett, sie verwittert bis Hellbeige. In der Matrix liegen viele, teils gerundete Kalifeldspäte und große dunkle Quarzkörnchen. Viele der Einsprenglinge sind erodiert oder zerbrochen. Rote Bimsfladen ziehen in teils erheblicher Breite durch das Gestein. Einsprenglinge finden sich auch in diesen Fiammen. Vorzugsweise dort, wo vermehrt Åland-Quarzporphyr und Åland-Rapakivi auftreten, lohnt sich die Suche nach diesem seltenen Gestein.

Auf einen Blick

- **Alter**
  1,6 Milliarden Jahre
- **Herkunft**
  Åland-Inseln (FIN)
- **Häufigkeit**
  häufig

Åland-Quarzporphyr

Åland-Quarzporphyr ist leuchtend rot, fällt im nassen Strandgeröll sofort ins Auge. Er führt viele bis sehr viele rote Kalifeldspäte, die teils gerundet, teils kantig und manchmal zerbrochen sind. Die Quarze sind grau, erreichen manchmal sogar die 1-cm-Marke. Viele von ihnen zeigen magmatische Korrosion in Form wurmartiger Gänge, die mit der Lupe gut zu erkennen sind.
Es gibt eine rote und eine braune Variante des Åland-Quarzporphyres (vgl. S. 28).

Auf einen Blick

> **Alter**
> 1,6 Milliarden Jahre
> **Herkunft**
> Ostseegrund südwestlich von Åland
> **Häufigkeit**
> häufig

Brauner Ostsee-Quarzporphyr

In der dichten, graubraunen, braunen oder rotbraunen Grundmasse liegen sehr viele Einsprenglinge. Am häufigsten kommen blassrote bis hellbraune Feldspäte vor, die bis 5 mm lang werden können. Die zahlreichen dunklen Quarze bleiben meist kleiner. Untergeordnet finden sich auch grünweiße Plagioklase. In einigen Varianten liegen grauschwarze Augite in der Matrix, die aber leicht verwittern und dann kleine Löcher auf der Gesteinsoberfläche hinterlassen. Wie beim Roten Ostsee-Quarzporphyr kommen auch hier basaltische Xenolithe vor. Es gibt eine braune und eine rötliche Variante des Braunen Ostsee-Quarzporphyrs.

Auf einen Blick

> **Alter**
> 1,6 Milliarden Jahre
> **Herkunft**
> Bottensee
> **Häufigkeit**
> sehr selten

Ostsee-Syenitporphyr

Nur selten finden sich Porphyre am Strand, deren Heimatgebiet in der Bottensee, also dem Seegebiet nördlich der Åland-Inseln, zu suchen ist. Sie sind sehr vielgestaltig, häufig recht bunt und besitzen bis zu zwei verschiedene Feldspäte und dunkle Quarze. Der Ostsee-Syenitporphyr gehört ebenfalls zu den Bottensee-Porphyren. Seine Grundmasse ist grüngrau bis oliv. Häufig sind kleine, splittrige, oft vieleckige, rotbraune bis ockerfarbene Feldspat-Kristalle, weißgelbe Plagioklase und kleine Quarzkörnchen. Gelegentlich sind kleine blaue Mandeln zu beobachten, die schwarz gesäumt sein können. Xenolithe in Form von rotbraunen oder grauen, undeutlich begrenzten Gesteinsbrocken kommen vor.

Auf einen Blick

- > **Alter** 1,7 Milliarden Jahre
- > **Herkunft** Dalarna (SE)
- > **Häufigkeit** gelegentlich

Grönklitt-Porphyrit

Grönklitt-Porphyrit besitzt eine ziegelrote bis braunviolette Grundmasse, die in der Regel so dicht ist, dass selbst mit der Lupe keine Körnung sichtbar wird. Eingebettet finden sich sehr viele kleine, oft leistenförmige Plagioklas-Kristalle von grünlicher, gelblicher oder grauer Farbe. Kalifeldspäte sind sehr selten, Quarz ist nicht erkennbar. Häufig finden sich dunkle Flecken von Augit, Hornblende und Chlorit, die ausgewittert Löcher auf der Gesteinsoberfläche hinterlassen. Man unterscheidet eine rote und eine violette Variante des Grönklitt-Porphyrits. Der ähnliche Braune Ostsee-Quarzporphyr führt immer kleine Quarzkörnchen.

Auf einen Blick

- > **Alter** 1,7 Milliarden Jahre
- > **Herkunft** Dalarna (SE)
- > **Häufigkeit** häufig

Einsprenglingsreicher Dala-Porphyr

Dala-Porphyre fallen durch ihre Farbigkeit im Strandkies auf. Die Grundmasse variiert in allen möglichen Rottönen. Eingebettet finden sich einzelne bis sehr viele, häufig eckige Einsprenglinge von blassrosa bis rotem Kalifeldspat, gelbem, grünem oder weißem Plagioklas und dunklen Flecken von Augit, Hornblende, Epidot und Chlorit. Bei einigen besonders einsprenglingsreichen Dala-Porphyren tritt die Grundmasse fast völlig in den Hintergrund. In der Regel führen Dala-Porphyre keinen Quarz, sind dadurch gut von den Småland-Porphyren zu unterscheiden. Lediglich der Särna-Quarzporphyr und einige wenige, deutlich seltenere Abarten lassen makroskopisch kleine Quarzkörnchen erkennen.

Auf einen Blick

- > **Alter**
  1,8 Milliarden Jahre
- > **Herkunft**
  Småland (SE)
- > **Häufigkeit**
  gelegentlich

Påskallavik-Porphyr

Der Påskallavik-Porphyr besitzt eine dunkelbraune bis tiefviolette Grundmasse, in der große, helle, an den Ecken abgerundete Feldspat-Kristalle schwimmen. Manche der Feldspäte sind zoniert, besitzen einen dunklen Kern und einen helleren Saum. Durch Gebirgsdruck sind viele der Feldspat-Kristalle zerbrochen, die Bruchlinien verlaufen dabei in der Regel parallel zueinander. Auffällig sind blaue, gerundete Quarze, die mehrere Millimeter im Durchmesser erreichen können. Es gibt Übergänge bis zum Påskallavik-Granitporphyr, der dann eine grobe, granitische Grundmasse besitzt.
Påskallavik-Porphyr wird im Volksmund auch als „Blutwurststein" bezeichnet.

Auf einen Blick

- > **Alter**
  1,8 Milliarden Jahre
- > **Herkunft**
  Småland (SE)
- > **Häufigkeit**
  gelegentlich

Emarp-Porphyr

Emarp-Porphyr hat eine rotbraune bis rosa-graue Grundmasse, in der helle Kalifeldspäte, wenige grünliche Plagioklase und leuchtend blaue bis graue Quarze liegen. Kleine Flecken von dunklem Chlorit können vorkommen. Verwitterte Blöcke bleichen aus, die Matrix ist dann blasser, das Gestein im Ganzen recht kontrastarm. Die Einsprenglinge sind kleiner als bei dem ebenfalls zu den Småland-Porphyren gehörenden Påskallavik-Porphyr, zeigen seltener die tektonischen Bruchlinien. Die Grundmasse des Emarp-Porphyrs ist manchmal ganz leicht körnig, fühlt sich dann rau an. Sonst ist sie felsitisch dicht wie bei vielen, manchmal ähnlichen Småland-Hälleflinta.

Auf einen Blick

> **Alter**
> \> 1 Milliarde Jahre
> **Herkunft**
> Skandinavien
> **Häufigkeit**
> sehr häufig

Gneis

Gneis ist das mit Abstand häufigste metamorphe Gestein am Strand, kommt in sehr vielen verschiedenen Varietäten vor. Durch Druck und Hitze kann ein Granit in einen Gneis verwandelt werden. Das ursprünglich richtungslose Gefüge ändert sich durch Mineralumbildungen in ein streifiges Gefüge, wobei die ursprünglichen Minerale Feldspat, Quarz und Glimmer auch im Gneis erkennbar bleiben. Die Übergänge vom Granit zum Gneis sind dabei fließend.

Auf einen Blick

> **Alter**
> \> 1 Milliarde Jahre; Loftahammar-Gneisgranit 1,84 Milliarden Jahre
> **Herkunft**
> Norwegen, Schweden, Finnland
> **Häufigkeit**
> häufig

Augen-Gneis

Durch gerichteten Druck können Feldspäte, seltener auch Quarze, in den dunklen Biotitbändern eines Gneises zu Augengröße heranwachsen. Augengneise sind besonders attraktiv, wenn sie nass sind. Augengneise mit hohem Anteil fleischroter Feldspäte, blauen Quarzen und mächtigen Biotitbändern werden als Loftahammar-Gneisgranit bezeichnet und stammen aus Småland.

Auf einen Blick

> **Alter**
> 1,6 Milliarden Jahre
> **Herkunft**
> Bottnischer Golf
> **Häufigkeit**
> selten

Bottnischer Gneisgranit

Bottnischer Gneisgranit besteht nahezu ausschließlich aus fleisch- bis ziegelrotem Feldspat und weißem Quarz, der schlierenartig durch das Gestein zieht. Dunkle Minerale treten stark in den Hintergrund, sind nur bei wenigen Geschieben in höherem Anteil vorhanden. Bottnischer Gneisgranit ist immer mit Åland-Gesteinen und Ostsee-Quarzporphyren vergesellschaftet.

Auf einen Blick

- **Alter**
  1,85–1,95 Milliarden Jahre
- **Herkunft**
  Sörmland (SE)
- **Häufigkeit**
  gelegentlich

Sörmland-Gneis, Granat-Gneis

Sörmland-Gneis gehört zu den wenigen Granat führenden Gesteinen, die wir am Strand finden können. Die Farbe der Granatkristalle ist himbeerrot, sie sind häufig zerrüttet und erreichen Größen bis über 10 cm Durchmesser. Die dunklen Lagen bestehen aus Biotit, die hellen führen neben Quarz und Feldspat auch Silimanit und Cordierit. Cordierit ist ein Mineral, das Pleochroismus zeigt. Ein einzelner Kristall erscheint bei Lichteinfall je nach Polarisationsrichtung blau oder farblos.
Sörmland-Gneis kommt in Blöcken bis Findlingsgröße vor.

Auf einen Blick

- **Alter**
  1,4 Milliarden Jahre, Metamorphose vor 900 Millionen Jahren
- **Herkunft**
  Südost-Norwegen (N), Südwest-Schweden (SE)
- **Häufigkeit**
  gelegentlich

Weißschlieriger Granat-Amphibolit

Der Weißschlierige Granat-Amphibolit gehört zu den wenigen Leitgeschieben, die aus Südwest-Schweden stammen. Die kleinen schwarzen Hornblende-Kristalle glitzern in der Sonne. Auffällig sind die hellen Schlieren, die aus weißem Plagioklas bestehen. Die kleinen Granatkristalle sind blutrot, erreichen nur selten die Zentimeter-marke, bleiben meist deutlich kleiner. Amphibolit ist durch Metamorphose aus einem Basalt oder Gabbro hervorgegangen.

Auf einen Blick

- **Alter**
  1,8–2,0 Milliarden Jahre
- **Herkunft**
  überwiegend Småland (SE)
- **Häufigkeit**
  häufig

Hälleflint, Felsenfeuerstein

Hälleflinta gehören zu den ältesten Gesteinen Schwedens von in der Regel grauer, brauner oder violetter Farbe. Es sind metamorph deformierte Porphyre, die meist einen geringen Anteil an undeutlichen Feldspateinsprenglingen führen. Auch kleine Quarze können vorkommen. Felsenfeuersteine sind sehr dicht, hart, zäh, brechen splittrig und scharfkantig. Aufgrund des Deformationsdrucks sind sie häufig „schief" geformt. Es gibt mit den Streifigen Hälleflinten Varianten, die aus einem Sediment hervorgegangen sind.
Auch die etwas gröberen Leptite gehören in die Gruppe der Hälleflinte.

Auf einen Blick

- **Alter**
  > 1 Milliarde Jahre
- **Herkunft**
  Norwegen, Schweden
- **Häufigkeit**
  gelegentlich

Unakit

Das Grundgestein des Unakits sind rote Granite mit weißen bis bläulichen Quarzen und wenig (bis gänzlich ohne) Biotit. In tektonisch entstandene Risse drang lindgrüner Epidot ein. Der eigentliche Prozess ist eine hydrothermal ablaufende Metasomatose, bei der Material des Gesteins durch ein anderes ersetzt wird. Metasomatose ist ein Grenzfall der Metamorphose, bei der sich normalerweise die eigentliche chemische Zusammensetzung des Gesteins nicht ändert.
Besonders in feuchtem Zustand sind Unakite sehr farbenfroh, eignen sich hervorragend als Trommelsteine. Unakite kommen von Kieselstein- über Faust- bis zu Kopfgröße vor.

76–77

Auf einen Blick

> **Alter**
> 1,8–2,0 Milliarden Jahre
> **Herkunft**
> Södermanland, östliches Mittelschweden (SE)
> **Häufigkeit**
> selten

Urkalk

Als Urkalk werden metamorphe Kalke (Marmor) bezeichnet, die zu den ältesten Gesteinen Schwedens gehören. Sie sind im Strandgeröll nur mit einiger Übung zu erkennen, aber nicht so selten, wie allgemein angenommen wird. Auf dem frischen Bruch erkennt man kleine Kalkkristalle. Häufig kommt begleitend grüner Serpentin vor, auch kleine Körnchen von Spinell, Turmalin, Titanit und anderen Mineralen sind bekannt.

Auf einen Blick

> **Alter**
> 1,8–2,0 Milliarden Jahre
> **Herkunft**
> Uppland (SE)
> **Häufigkeit**
> selten

Stockholm-Fleckenquarzit

Der Stockholm-Fleckenquarzit ist ein Paragestein, das durch Metamorphose aus einem Sediment hervorgegangen ist. Die Grundmasse ist silbrig grau bis rötlich und besteht aus Quarz und winzigen Glimmerschüppchen. Eingebettet finden sich kleine weiße, manchmal dunkel umsäumte Quarzkörnchen, die durch Verwitterung knotig hervortreten können. Manchmal sind sie deutlich ausgelängt.

Auf einen Blick

> **Alter**
> 1,95 Milliarden Jahre
> **Herkunft**
> Småland (SE)
> **Häufigkeit**
> selten

Västervik-Fleckengestein

Die Västervik-Fleckengesteine sind recht variabel. Leicht kenntlich und als Leitgeschiebe brauchbar sind solche Typen, die eine quarz- und biotitreiche Grundmasse besitzen, in der dunkle Flecken aus Biotit und Cordierit liegen, die von rosarotem Feldspat umsäumt sind. Der Västervik-Fleckengneis besitzt ein deutlich gneisartiges Gefüge, während die meisten Abarten lediglich als Fleckengestein bezeichnet werden sollten.

Auf einen Blick

- > **Alter**
  540 Millionen Jahre (Unteres Kambrium)
- > **Herkunft**
  Bornholm (DK)
- > **Häufigkeit**
  gelegentlich

Nexö-Sandstein

Nicht selten findet man am Strand durch Hämatit rot oder violett gefärbte Sandsteine, die nur schwer exakt zu bestimmen sind. Der unterkambrische Nexö-Sandstein ist in Bornholm beheimatet. Grobe Lagen führen regelmäßig orange bis rosafarbene Feldspäte. Nur dann sind die Geschiebe eindeutig einzuordnen. Der ähnliche Jotnische oder Dala-Sandstein ist 1,4 Milliarden Jahre alt und stammt aus Dalarna und der nördlichen Ostsee. Beide Sandsteine können Wellenrippeln oder Entfärbungsflecken aufweisen. Der Jotnische Sandstein zeigt manchmal ein intensiveres Rot.

Auf einen Blick

- > **Alter**
  520 Millionen Jahre (Unteres Kambrium)
- > **Herkunft**
  Kalmarsund (SE)
- > **Häufigkeit**
  gelegentlich

Kalmarsund-Sandstein

Der Kalmarsund-Sandstein fällt durch seine violette Bänderung auf. Die Streifen entsprechen dabei nicht immer der Schichtung. Heiße zirkulierende Lösungen haben vor 300 Millionen Jahre die ehemals hellen Sandsteine mit Hämatit eingefärbt. Bei sich kreuzenden Linien spricht man von Chiasma-Sandstein. Aus dem Kalmarsund-Sandstein sind verschiedene Spurenfossilien und das berühmte Xenusion, ein frühes Gliedertier, bekannt geworden.

Auf einen Blick

- > **Alter**
  530 Millionen Jahre (Unteres Kambrium)
- > **Herkunft**
  Schonen, Kalmarsund (SE), Bornholm (DK)
- > **Häufigkeit**
  häufig

Glaukonitischer Sandstein

Glaukonit ist ein grünes Mineral, das sich ausschließlich im Meer bildet. Einige Sandsteine sind durch ihren hohen Gehalt an winzigen Glaukonitkörnchen grün gefärbt. Die Sandsteine sind gut geschichtet. Sie führen selten meist kleine Fossilien wie Volborthella oder Mobergella, deren systematische Stellung noch heute nicht sicher geklärt ist. Auch Brachiopoden, die zu den Weichtieren gehörenden Hyolithen und Spurenfossilien kommen vor.

Auf einen Blick

- **Alter**
  520–540 Millionen Jahre (Unteres Kambrium)
- **Herkunft**
  Schonen, Kalmarsund (SE); Estland
- **Häufigkeit**
  häufig

Sandstein mit *Skolithos*

Die ältesten Fossilien Deutschlands stammen aus dem Unterkambrium. Es handelt sich dabei um Kriech-, Grab oder Wühlspuren und um Wohnbaue wurmartiger Organismen. *Skolithos* bezeichnet senkrecht stehende Wohnröhren. Zwischen den Röhren lagerte sich Sediment ab. Um nicht verschüttet zu werden, wurden die Röhren nach oben verlängert. Die Sedimentschichten verlaufen horizontal, sind von den Röhren unbeeinflusst. Neben dem häufigen *Skolithos linearis* gibt es dünne, sehr eng stehende Röhren (*S. musicalis*) und bis 1 cm dicke, hohle Röhren (*S. tibia*).

Auf einen Blick

- **Alter**
  520–540 Millionen Jahre (Unteres Kambrium)
- **Herkunft**
  Schonen, Västergötland, Öland (SE)
- **Häufigkeit**
  gelegentlich

Sandstein mit *Monocraterion*

Im Gegensatz zu *Skolithos* handelt es sich bei *Monocraterion* um echte Baue, die nach unten in das Sediment gegraben wurden. Dabei wurden die Schichten des bereits abgelagerten Sedimentes nach unten abgebogen. Diese Schichtabbiegungen an den Röhren führten zur Bezeichnung „Skolithensandstein mit girlandenförmiger Schichtung“. Bei genauer Betrachtung erkennt man auf der Oberfläche des Gesteines zwei ineinanderliegende Kreise. Der innere Kreis entspricht der Röhre, der äußere Kreis kennzeichnet das nachgerutschte Sediment. Man kann also noch nach über 500 Millionen Jahren rekonstruieren, ob ein Organismus seine Wohnröhren nach unten gegraben oder nach oben gebaut hat.
Das ähnliche *Diplocraterion* besitzt eine u-förmige Röhre und im Querschnitt ein hantelförmiges Muster.

Roter Kalkstein

Auf einen Blick

- **Alter**
  485–465 Millionen Jahre (Ordovizium)
- **Herkunft**
  überwiegend Öland, Västergötland (SE)
- **Häufigkeit**
  häufig

Die meisten roten Kalksteine, die wir am Strand von Nord- und Ostsee finden, stammen aus dem Ordovizium. Sie führen häufig die gestreckten Gehäuse urzeitlicher Kopffüßer, sog. Orthoceren („Geradhörner"). Wegen ihres gehäuften Auftretens werden manche Schichten als „Orthoceren-Kalk" bezeichnet. Je nach Alter und Farbe unterscheidet man dabei jeweils einen unteren, mittleren und oberen roten und grauen Orthoceren-Kalk. Als Faustregel sind die unteren Roten Orthocerenkalke dunkelrot und sehr feinkörnig, manchmal mit gelben Bändern durchsetzt, die mittleren sind oftmals zuckerig und die oberen etwas gröber, von grünlichen Wühlspuren durchzogen, und die Orthoceren tragen einen feinen Hämatitüberzug, der bei Berührung die Finger rot färbt.

Grauer Kalkstein

Auf einen Blick

- **Alter**
  485–420 Millionen Jahre (Ordovizium und Silur)
- **Herkunft**
  Schweden, Ostseegrund, Estland
- **Häufigkeit**
  sehr häufig

Graue Kalksteine gibt es vom Kambrium bis zum Tertiär, die meisten stammen jedoch aus dem Ordovizium und Silur. Bei der Vielfalt der grauen Kalke bleibt eine exakte Bestimmung häufig dem Fachmann überlassen. Die silurischen Beyrichienkalke sind blaugrau, gut geschichtet und sehr fossilreich. Die Querschnitte von Brachiopoden, Muscheln, Schnecken oder Kopffüßern kann man sehr oft auf der Oberfläche erkennen. Backsteinkalk ist hart und zäh, bricht splittrig und kommt häufig in quaderförmigen Stücken vor. Fossilien sind nur zu bergen, wenn das Gestein braun und porös verwittert ist. Viele kambrische und ordovizische Kalke zeigen Rostflecken auf der Oberfläche, die aus der Verwitterung von Pyrit herrühren. Immer sollte man die Geschiebe von außen nach Fossilresten absuchen, häufig lohnt ein Aufschlagen mit dem Geologenhammer.

Auf einen Blick

- **Alter**
  60–70 Millionen Jahre (Kreide bis unteres Tertiär)
- **Herkunft**
  Dänemark; Rügen (DE)
- **Häufigkeit**
  sehr häufig

Feuerstein, Flint

Feuerstein ist das häufigste Gestein an unseren Küsten. Er hat sich gebildet als Kieselkonkretion im Schlamm des kreidezeitlichen oder frühtertiären Meeres. Feuerstein-Knollen können alle möglichen Formen annehmen. Viele regen unsere Fantasie an und gaukeln vermeintliche Schildkröten, Seehunde, Füße, Fische oder gar Pferdeköpfe vor. Feuerstein schließt ebenso häufig jedoch echte Fossilien wie Seeigel, Brachiopoden, Austern und andere Muscheln oder Schwämme ein. Trotzdem sollte Feuerstein nicht zerschlagen werden. Er zersplittert unkontrollierbar, Fossilien zerbrechen und sind nicht zu präparieren, zudem können sich Badegäste an den scharfen Scherben verletzen. Unsere Vorfahren haben sich diese Eigenschaften des Feuersteins zu Nutze gemacht und Werkzeuge wie Beile und Schaber daraus gefertigt.

Auf einen Blick

- **Alter**
  60–70 Millionen Jahre (Kreide bis unteres Tertiär)
- **Herkunft**
  Dänemark; Schonen (SE)
- **Häufigkeit**
  sehr häufig

Gelber Feuerstein

Die meisten Feuersteine sind schwarz und haben häufig eine weiße Opalkruste. Es gibt aber auch graue, weiße, gelbe, braune und rote Feuersteine. Während die tiefschwarze Variante aus der oberen Kreidezeit stammt, bildeten sich die übrigen Arten im Meer des Danium. Die gelben bis roten Farben sind auf Eisensalze zurückzuführen, die den Feuerstein von außen imprägniert haben. Angeschlagene Geschiebe zeigen häufig noch den grauen Kern. Lediglich der Rote Feuerstein von Helgoland (s. S. 40) ist von innen heraus rot gefärbt. Der Weißgefleckte Feuerstein oder Hanaskog-Flint ist etwas älter (Campan) und hat seine Heimat in Schonen.
Mit Feuerstein und Pyrit (später nahm man geschmiedetes Eisen) kann man Funken schlagen. Der Name „Flinte" für ein Steinschlossgewehr hat hierin seinen Ursprung. Ein in den Hahn eingespannter Flintstein schlägt auf eine Metallplatte, der entstehende Funke entzündet das Schießpulver.

Auf einen Blick

- **Alter**
  30–50 Millionen Jahre (Tertiär: Eozän)
- **Herkunft**
  Schleswig-Holstein, Dänemark
- **Häufigkeit**
  gelegentlich, örtlich sehr häufig

Ton-Konkretion

Ton-Konkretionen sind hell- bis mittelbraun und haben oftmals eine dunkle, teils abgeriebene Kruste. Sie sind feinkörnig bis dicht. Häufig ist der Kern heller als der Randbereich. Manchmal haben Konkretionen Schrumpfungsrisse, die mit honiggelbem Calcit ausgefüllt sein können. In diesem Fall spricht man von Septarien.
Konkretionen entstehen im Ton durch Anlagerung von Kalk um einen Kristallisationskern. Dieser Kern kann ein Haizahn, eine Muschel oder ein Stück Holz sein. Meistens ist von diesem Fossil im Zentrum jedoch nichts mehr erhalten. Konkretionen sind dort besonders häufig, wo tertiäre Tone oberflächennah anstehen, in der Wasserlinie ausstreichen oder in der Steilküste glazial aufgeschuppt sind.

Auf einen Blick

- **Alter**
  70 Millionen Jahre (Kreide)
- **Herkunft**
  Norddeutschland, Dänemark
- **Häufigkeit**
  häufig

Schreibkreide

Schreibkreide ist schneeweiß bis schmutzig grau oder beige und sehr feinkörnig. Sie ist weich, kann mit dem Fingernagel abgerieben werden. Man kann mit Kreidebrocken auf anderen Gesteinen „malen".
Schreibkreide ist im kreidezeitlichen Meer in 100 bis 350 m Wassertiefe entstanden. Sie besteht nahezu ausschließlich aus mikroskopisch kleinen Kalkschuppen (Coccolithen) von Kalkalgen (Coccolithophoriden). 1 cm^3 Kreide kann 800 Millionen dieser Plättchen enthalten.
Die Kreidefelsen von Rügen und Møn (DK) bestehen aus Schreibkreide. Schreibkreide ist fossilführend. Man kann in den Kreidebrocken oder ausgewaschen im Strandkies vor allem Donnerkeile (Belemniten), Seeigel, Schwämme, Korallen und Muscheln finden. Schreibkreide (Kalk) hat nichts mit Tafelkreide (Gips) gemein.

88–89

Auf einen Blick

- **Alter**
  1,6 Milliarden bis wenige Millionen Jahre
- **Herkunft**
  Skandinavien
- **Häufigkeit**
  gelegentlich

Konglomerat

Ein Konglomerat führt viele gerundete Steine in einer gleichkörnigen Matrix. Die meisten Konglomerate sind Fluss- oder Küstenablagerungen. Die eingelagerten Gerölle sind transportiert und daher mehr oder weniger rund geschliffen. In der Regel bestehen sie aus widerstandsfähigen Quarzen oder Quarziten, weichere Bestandteile sind häufig aufgearbeitet. Auffällig ist, dass alle Geröllkomponenten eine ähnliche Größe besitzen, also sortiert abgelagert wurden. Sie können aus einer (monomikt) oder mehreren (polymikt) Gesteinsarten bestehen. Die Matrix ist in der Regel sandig, nur wenige Konglomerate mit kalkigem Bindemittel sind bekannt.
Konglomerate gibt es in sehr vielen Gebieten Skandinaviens. Sie haben ein Alter von bis zu 1,6 Milliarden Jahren.

Auf einen Blick

- **Alter**
  aus der gesamten Erdgeschichte bekannt
- **Herkunft**
  Skandinavien
- **Häufigkeit**
  gelegentlich

Brekzie

Bei einer Brekzie liegen eckige, scharfkantige Gesteinstrümmer in einer feinkörnigen Matrix. In der Regel stammen alle Bruchstücke von einer einzigen Gesteinsart. Durch Erdbeben, Vulkanausbrüche, Felsstürze oder tektonische Kräfte können Gesteine zerbrechen. Die entstandenen Risse füllen sich mit Sediment, Quarz, Calcit oder anderen Mineralen, selbst Achat kann sich in den Spalten bilden.
Brekzien sind aus ganz Skandinavien und allen erdgeschichtlichen Formationen bekannt. Eine Alters- und Herkunftsbestimmung kann in der Regel nicht erfolgen.

SCHWEDEN
DÄMEMARK
NORDSEE
OSTSEE
Rostock
Hamburg
Tiefland
Elbe
POLE
Oder
Ems-
land
Weser
Aller
BERLIN
Hannover
Flechtinger
Höhenzug
Innerste
Leine
Leine Bergland
Münster-
land
Harz Vorland
Harz
Saale
Mulde
Diemel
Sauerland
Kyff-
häuser
Leipzig
Eder
Werra
Köln
Rheinisches
Schiefergebirge
Granulit-
gebirge
Lausitzer
Gebirge
Ruhlaer
Kristallin
Thüringer
Wald
Fulda
Erzgebirge
Thüringisches
Schiefergebirge
Vogels-
berg
Rhön
Münchberger
Masse
Rhein
Frankfurt
am Main
TSCHECHISCH
REPUBLIK
Oberpfälzer Wald
Inner
Böhmen
DEUTSCHLAND
Böhmer Wald
Bayerischer Wald
Stuttgart
Donau
München
ÖSTERREIC
SCHWEIZ

Steine sammeln an Weser und Elbe

Das Gebiet zwischen Rhein und Oder und nördlich der Donau umfasst die Flussgebiete der Weser und Elbe. Beide haben Quell- und Nebenflüsse, in denen interessante Gesteine zu finden sind.

Aus Mittelgebirgen und Tiefland

Die Anzahl der für ein Flussgebiet typischen unverwechselbaren Gesteine ist allerdings begrenzt. Die Quellflüsse der großen Ströme Weser und Elbe entspringen den südlichen Mittelgebirgen mit Gesteinen des Paläozoikums. Die Nebenflüsse, zumindest die des Mittelgebirges, bringen Gesteine des Mesozoikums und stellenweise des Känozoikums mit. Im Gegensatz zum Mittelgebirgsraum liefert das nördlich vorgelagerte Tiefland bis zur Nord- und Ostsee so gut wie keine eigenen Gesteine. Bei den dortigen Gesteinen handelt es sich um aus dem mesozoisch-tertiären Untergrund stammendes Material oder solches, das aus Flussschottervorkommen aufgearbeitet wurde, und letztendlich auch um Gesteine aus der nordischen Inlandvereisung der Quartärzeit.

Festgesteine und Lockergesteine

Die Gesteinshochlagen des Paläozoikums und des noch älteren Untergrunds (Plutonite, Vulkanite, Metamorphite) werden in Deutschland als Grundgebirgsvorkommen bezeichnet. Die von dort stammenden Gesteine sind immer so stark verfestigt, dass sie Festgesteine bilden. Die Gesteine des Mesozoikums sind überwiegend Festgestein. Je härter ein Festgestein ist, desto weiter kann es als Flussgeröll transportiert werden. Die Gesteine des Känozoikums sind dagegen kaum verfestigt. Sie liegen weitgehend als Lockergesteine vor. Ausnahmen hiervon sind beispielsweise Süßwasserquarzite, die als Konkretionen entstanden sind, und basaltartige Gesteine. Lockergesteine bilden keine Gerölle. Eine wichtige Rolle spielt die Unempfindlichkeit gegen chemische Verwitterung. Gerölle bleiben zwischendurch liegen und sind dann mehr oder weniger intensiv bodenbildenden Prozessen der Verwitterung und Zerstörung preisgeben, bevor sie wiederholt weitertransportiert werden.

Gerölle und Leitgerölle

Nördlich der Donau, also nördlich der europäischen Hauptwasserscheide, fließen alle Flüsse von Süden nach Norden. Weser und Elbe münden in die Nordsee. Von der Quelle an, durch die Mittelgebirge, durchfließen diese Flüsse ähnliche geologische Einheiten. Entsprechend ähnlich ist die Zusammensetzung des Geröllbestands.

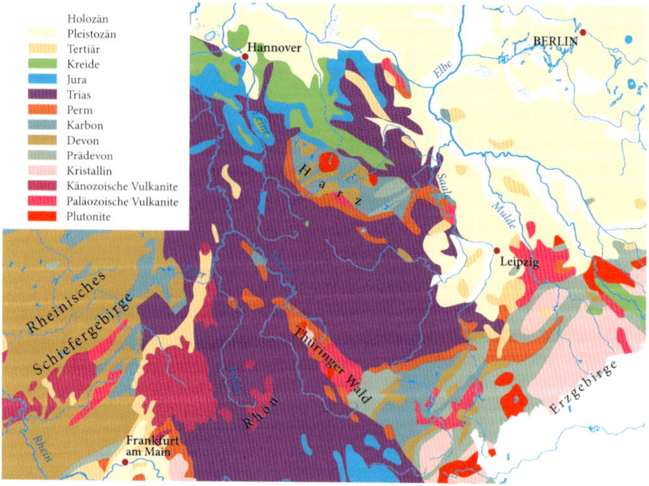

Unterschiede bestehen allerdings in der relativen Häufigkeit der Gesteinskomponenten. Hinzu kommen Gesteinsarten, die nur in einem Quellgebiet vorkommen und als Geröll diese Herkunft und damit den Fluss bezeugen können. Man kann sie als Leitgerölle bezeichnen. Naturgemäß sind leitende Gerölle selten. Zu bedenken ist zusätzlich, dass diese spezifischen Gesteine und Gesteinsarten nur in den Quellgebieten eingespeist werden, während Allerweltsgesteine, wie Sandstein und Kalkstein, über die ganze Flussstrecke des Berglands permanent zugeführt werden.

Auf einen Blick

> **Alter**
> Rotliegend des Perms
> **Herkunft**
> Thüringer Wald, sächsische Porphyrgebiete (beispielsweise Rochlitzer Quarzporphyr).
> **Häufigkeit**
> selten

Sphärolithhporphyr

Einige Quarzporphyre sind von kleinen Kugeln erstarrter Schmelze durchsetzt, deren radial-sphärischer Aufbau oft erkennbar ist. Es handelt sich um Bildungen im Zusammenhang mit dem gehemmten Fließen zähflüssiger Laven. Die teilweise sphärisch gegliederten Kugeln bestehen aus den Mineralen der Grundmasse (Quarz und Feldspat), sodass sie mit dieser mechanisch untrennbar verbunden sind, auf Bruchflächen natürlicher Abriebsflächen weder hervor- noch zurücktreten.
Sphärolithporphyre treten aber am ehesten in Weserablagerungen auf.

Auf einen Blick

> **Alter**
> Rotliegend des Perms
> **Herkunft**
> Thüringer Wald
> **Häufigkeit**
> sehr selten

Porphyr von Thal

Bei dem Porphyr von Thal handelt es sich um einen Quarzporphyr, der sich als Gang durch den kleinen Ort Thal im nordwestlichen Thüringer Wald hindurchzieht. Als Ganggestein ist das Vorkommen flächenmäßig sehr begrenzt. In dem feinkörnigen Gestein von hellbräunlicher Farbe treten Quarz und Alkalifeldspat als Einsprenglinge in besonderer Ausbildung auf. Während die Alkalifeldspäte entlang der Spaltflächen zerbrochen und intern verschoben sind, sind die bläulich trüben Quarzeinsprenglinge Kaulquappenartig geschwänzt. Beide Minerale sind in ungewöhnlicher, vielleicht einzigartiger Weise deformiert.
Es handelt sich um ein Leitgestein des Wesersystems. Es ist in alten wie jungen Weserablagerungen vorhanden. Bis in das westliche Emsland, die Niedergrafschaft Bentheim, lässt sich das Gestein in Weserablagerungen der Oberterrasse vereinzelt beobachten.

Auf einen Blick

- **Alter**
  Rotliegend des Perms
- **Herkunft**
  Thüringer Wald
- **Häufigkeit**
  sehr selten

Porphyrkugeln

Einige Quarzporphyrvorkommen des Thüringer Waldes enthalten mehrere cm-große Teilbereiche aus gleichartigem feinkörnigem Gestein, die kugelförmig absondern. Es handelt sich um relativ festes Gestein, das zumindest arm an Einsprenglingen ist.
Am ehesten noch sind Porphyrkugeln von Weserablagerungen bekannt.

Auf einen Blick

- **Alter**
  Rotliegend des Perms
- **Herkunft**
  Thüringer Wald, sächsische Porphyrgebiete
- **Häufigkeit**
  sehr selten

Lithophysenporphyr

Einige Quarzporphyre sind von rundlichen ehemaligen Hohlräumen (um 5 mm) durchsetzt, deren Füllungen einen nicht mittigen sphärischen Aufbau erkennen lassen. Die Halbschalen von Drusenquarz wechseln mit grundmasseartiger Substanz ab.
Lithophysenporphyre treten am ehesten in Weserablagerungen auf.

Auf einen Blick

> **Alter**
Paläozoikum

> **Herkunft**
Rheinisches Schiefergebirge, Harz, Thüringer Wald, Thüringisches Schiefergebirge, Erzgebirge, Lausitzer Gebirge, Sudeten und Innerböhmen

> **Häufigkeit**
selten

Diabas

Diabase sind feinkörnige Vulkanite aus Feldspat, Pyroxen und auch grünlichem Olivin. Das Gestein kann vereinzelt durch Einsprenglinge porphyrisch sein. Die Diabase sind wegen der Überprägung durch die varistische Gebirgsbildung mineralogisch verändert.
Diabase treten zumindest liefergebietsnah in allen größeren Flüssen auf. Die Geröllоberflächen sind meist rau, weil die dunklen Pyroxenkörner herausgewittert sind (Bild). Diabasgerölle der verschiedenen Flüsse lassen sich nicht unterscheiden.

Auf einen Blick

> **Alter**
Paläozoikum

> **Herkunft**
Das Gestein kommt naturgemäß zusammen mit Diabas vor und fehlt keinem Diabasvorkommen

> **Häufigkeit**
sehr selten

Diabas-Mandelstein

Mandelsteine bilden eine Sonderform von Diabas durch das Auftreten von runden bis ovalen (angeblich mandelförmigen) Blasenhohlräumen. Das beim vulkanischen Austritt frei werdende Gas bildete Blasen, die später teilweise mineralisiert wurden. Die Blasen können von trübem Quarz, Kalzit, Brauneisen und anderen Mineralen gefüllt sein.
Wie Diabas neigen Mandelsteine zur Verwitterung, sodass sie als Flussgerölle schnell zerstört werden. Hohle Mandeln schwächen das Gestein zusätzlich.

Auf einen Blick

> **Alter**
> Rotliegend des Perms
> **Herkunft**
> Thüringer Wald, Südsachsen, Schlesien, untergeordnet Harz und Flechtinger Höhenzug
> **Häufigkeit**
> selten

Bandporphyr

Bandporphyre sind Vulkanite mit deutlich engständiger Streifung. Es handelt sich um eine Bildung langsam fließender Lava nach dem magmatischen Austritt. Diese Fließtextur tritt nur bei zähflüssigen, also kieselsäurereichen Magmen auf, vielleicht noch bei intermediären wie Phonolith, bei basaltartigen Gesteinen aber nicht.
Bandporphyr tritt besonders bei Weserablagerungen auf, ist aber auch von Elbeschotter vereinzelt bekannt. Auch der vom Südharz kommende Leine-Nebenfluss, die Rhume, führt Gerölle von Bandporphyr (Bild).

Auf einen Blick

> **Alter**
> Rotliegend des Perms
> **Herkunft**
> Thüringer Wald, Südsachsen, Schlesien, untergeordnet Harz und Flechtinger Höhenzug
> **Häufigkeit**
> selten

Brekzienporphyr

Der magmatische Aufstieg und vulkanische Ausfluss verläuft mitunter explosiv. Dabei wird bereits erkaltete Lava, z. B. im Förderschlot, zerbrochen und durch nachfließendes Magma verkittet, sodass kantige Vulkanitbruchstücke in etwas andersfarbiger Grundmasse zustande kommen. Die brekziöse Ausbildung ist eher bei kieselsäurereichen Vulkaniten ausgebildet.
Brekzienporphyr kommt in vielen Porphyrgebieten vor. Die Gesteinsart tritt also in verschiedenen Flüssen auf, ohne sie ihren Gesteinsvorkommen zuordnen zu können.
In Weserablagerungen sind Brekzienporphyre häufiger, fehlen aber in Elbeschotter nicht.

Auf einen Blick

- **Alter**
  Rotliegend des Perms
- **Herkunft**
  Thüringer Wald, Südsachsen, Schlesien, untergeordnet Harz und Flechtinger Höhenzug.
- **Häufigkeit**
  gelegentlich

Quarzporphyr

Quarzporphyre sind Vulkanite kieselsäurereicher Magmen, die meistens Einsprenglinge von Quarz enthalten. Das feinkörnige Gestein ist von grünlicher, gelblicher, rötlicher oder bräunlicher Farbe. Quarzporphyre bilden überwiegend Gerölle harten Gesteins.

Auf einen Blick

- **Alter**
  Tertiär
- **Herkunft**
  Sachsen, Vogelsberg und die Rhön haben größere Phonolith-Vorkommen.
- **Häufigkeit**
  sehr selten

Phonolith

Phonolith kann als Abart von Basalt angesehen werden. Das Gestein führt keinen Olivin und ist etwas heller.
Der im Namen zu „Klingstein“ zu übersetzende Phonolith (wegen seines Klangs) neigt zu Verwitterung, aber weniger als Basalt.
Das Gestein kommt in Mitteleuropa vor allem dort vor, wo auch Basalt auftritt, ist aber weniger verbreitet. Schotter der großen Flüsse führen Phonolith.

Auf einen Blick

- **Alter**
  Rotliegend des Perms
- **Herkunft**
  Thüringer Wald, Sachsen
- **Häufigkeit**
  sehr selten

Pyroxenporphyr

Einige quarzfreie Porphyre enthalten Einsprenglinge von Pyroxen. Meist sind die dunklen bis fast schwarzen Kristalle von unregelmäßiger Gestalt und deshalb kaum als solche erkennbar. Das Gestein neigt zu Verwitterung.

Auf einen Blick

> **Alter**
?Kambrium
> **Herkunft**
Thüringisches Schiefergebirge
> **Häufigkeit**
sehr selten

Porphyroid

Porphyroide sind deutlich umgewandelte Porphyre. Das blassgelbliche bis blassrötliche Gestein ist sehr gleichförmig ausgebildet. Neu gebildeter Glimmer glänzt auf schuppigen Schieferungsflächen. Quarz- und Feldspat-Einsprenglinge sind aber wegen Deformation schwer erkennbar.
Es handelt sich um Vulkanitgänge im Übergangsgebiet Thüringisches Schiefergebirge zum Thüringer Wald. Der südliche Teil gehört zum Werraquellgebiet, liegt also im Weser-Einzugsgebiet. Vorkommen nördlich der Wasserscheide, werden von der Schwarza und der Elster als Teil des Elbesystems erfasst.
Es handelt sich um eine sehr harte Gesteinsart. Die abgerundet plattigen Gerölle treten in Weserablagerungen bis in den Bereich der Mittelweser und nördlich Hannover auf.

Auf einen Blick

> **Alter**
Tertiär
> **Herkunft**
Vogelsberg, nordhessisch-südniedersächsisches Bergland, vulkanische Rhön, Südsachsen, Oberlausitz, Sudetenvorland und Nordböhmen
> **Häufigkeit**
selten

Basalt

Basalte sind dunkle (graue bis fast schwarze) quarzfreie Vulkanite der jüngeren Erdgeschichte von hohem Gewicht. Sie bestehen aus Feldspat, Pyroxen und grünlichem Olivin. Selten sind grünliche Knollen aus Olivinkörnern und Einsprenglinge von dunklem Pyroxen (Bild).
Weser und Elbe (Bild) und deren Nebenflüsse führen untergeordnet Basaltgerölle. Basaltgerölle besitzen meist eine graugelbliche Verwitterungsrinde. Das Gestein neigt zu schneller Verwitterung.

Auf einen Blick

- **Alter**
  Paläozoikum, teilweise älter
- **Herkunft**
  Thüringer Wald, Erzgebirge, Lausitzer Gebirge, Sudeten und Innerböhmen, Harz
- **Häufigkeit**
  selten

Granit

Granite sind helle, überwiegend gleichkörnige Gesteine ohne gerichtete Textur. Sie enthalten immer Quarz und Feldspat. Treten zwei Feldspäte (z. B. gelblicher und rötlicher), liegt ein 2-Feldspatgranit vor. Hinzutreten kann Glimmer.
Weserschotter enthalten Granit. Die Gerölle bleiben mit Größen von wenigen Zentimetern eher klein und sind im Bereich der Mittelweser kaum häufiger als eins von Hundert. Im nördlichen Harzvorland führen die Vorlandflüsse Gerölle der Harzgranite. Die Elbe führt ebenfalls Granitgerölle.

Auf einen Blick

- **Alter**
  Paläozoikum
- **Herkunft**
  Thüringer Wald, Erzgebirge, Lausitzer Gebirge, Sudeten und Innerböhmen, Harz
- **Häufigkeit**
  sehr selten

Gabbro

Wie Granit sind Gabbros plutonische Tiefengesteine feiner bis grober Körnung. Das dunkle Gestein besteht aus dunkelgrauem bis grünlichem Pyroxen und Feldspat. Weitere Minerale können hinzutreten, ohne dass Quarz beteiligt ist. Mineralogisch ist Gabbro mit dem Ergussgestein Basalt vergleichbar, ist aber grobkörniger als dieses. Ähnlich wie Basalt ist das Gestein relativ schwer.
Wegen seines Mineralbestands verwittert Gabbro schon anstehend weitgehend, und Flussgerölle zerfallen schon nach kurzem Transport.

Auf einen Blick

- **Alter**
  Unterkreide, Oberkreide.
- **Herkunft**
  Osning, Harznordrand, Elbsandsteingebirge der sächsischen Kreide.
- **Häufigkeit**
  selten

Kreide-Sandstein

Sandstein der Kreidezeit besteht fast nur aus Quarzkörnern, wodurch eine helle, seltener gelbliche bis bräunliche Gesteinsfarbe sich ergibt. Grobsandige bis konglomeratische Einschaltungen aus Gangquarz und Kieselschiefer sind nicht selten. Einzelne Partien sind extrem kieselig gebunden (z. B. Externsteine, Teufelsmauer, Königsstein).
Überwiegend bildet Kreidesandstein wenig feste Gerölle.
Im Bereich des Elbsandsteingebirges führt die Elbe viel Kreide-Sandstein.

Auf einen Blick

- **Alter**
  Perm
- **Herkunft**
  Randgebiete des Harzes, südöstlich des Harzes, Thüringer Wald, Südsachsen, Sudeten.
- **Häufigkeit**
  selten

Rotliegend-Konglomerat

In der Zeit des Perms kam es zur Ablagerung von Sandstein und Konglomerat. Rotliegend-Konglomerate aus Vulkanit sind leicht an verschiedenfarbenen Porphyr-Bruchstücken erkennbar.
Wegen des kieseligen Bindemittels ist ein Teil der Konglomerate sehr hart.
Am häufigsten sind Rotliegend-Konglomerate im Werra-Weser-System (Bild), obwohl sie nur einen Bruchteil der Thüringer Waldgesteine ausmachen. Aber auch die Elbe mit Saale und Mulde führt Konglomeratgerölle dieses Alters.
Verarbeitet eignen sich die schönsten Stücke als Dekorationsstein.

Auf einen Blick

> **Alter**
> Vor-Devon, Devon bis Karbon

> **Herkunft**
> Harz, Rhein. Schiefergebirge, Thür. Wald, Thür. Schiefergebirge, Erzgebirge, Lausitzer Gebirge, Flechtinger Höhenzug.

> **Häufigkeit**
> selten

Tonschiefer

Durch Gebirgsbildung ist ehemaliger Tonstein zu dunklem Tonschiefer umgewandelt worden. Er besteht weiterhin aus Tonmineralen. Die Schichtflächen sind weitgehend durch gleichartig erscheinende Schieferungsflächen ersetzt.
Obwohl in den Liefergebieten relativ verbreitet, verschwinden Tonschiefer als Gerölle schon nach wenigen 10er-Kilometern mangels Härte und wegen Trennbarkeit entlang der Schieferungsflächen. Spätestens im Tiefland tritt Tonschiefer im Geröllbestand nicht mehr auf.

Auf einen Blick

> **Alter**
> Kambrium, Karbon, Perm.

> **Herkunft**
> Třemošna-Konglomerat im Innerböhmischen Waldgebirge, Osnabrücker Raum, Sachsen (Bild), Schlesien.

> **Häufigkeit**
> selten

Quarz-Lydit-Konglomerat

Das Konglomerat besteht aus bis 1 cm großen Geröllen von weißem Milchquarz und schwarzem Lydit. Ist das kieselige Bindemittel massiv ausgebildet, liegt ein sehr hartes, verwitterungsbeständiges Gestein vor. Als Geröll tritt das Gestein bis nördlich Hannover auf und im Unterelberaum bis ins Wendland.

Auf einen Blick

> **Alter**
> Vor-Devon, Devon bis Karbon

> **Herkunft**
> Rhein. Schiefergebirge, Harz, Thür.Wald, Thür. Schiefergebirge, Erzgebirge, Lausitzer Gebirge, Flechtinger Höhenzug.

> **Häufigkeit**
> gelegentlich

Grauwacke

Grauwacke besteht aus Körnern von Quarz, Feldspat und Gesteinsbruchstücken. Im Zuge der Gebirgsbildung entstand das Umwandlungsmineral Chlorit, was zu grünlich-grauer Gesteinsfarbe führt. Grauwacken sind als Gerölle verwitterungsempfindlich. Im Bereich der Mittelweser treten Grauwacken kaum noch auf. Bei Magdeburg führt die Elbe nur noch vereinzelt Grauwacke.

Auf einen Blick

- **Alter**
  Paläozoikum, Mesozoikum
- **Herkunft**
  Rheinisches Schiefergebirge, Harz, Erzgebirge, Sudeten, mesozoisches Bergland
- **Häufigkeit**
  selten

Hornstein

Unter bestimmten Bedingungen werden Kalksteine nach der Ablagerung kleinräumig durch Kieselmasse ersetzt. Es handelt sich um graue bis schwarze oder gelblich-braune Konkretionen aus feinkörnigem Quarz. In Mitteleuropa sind Hornsteine von allen Erdzeitaltern bekannt und in Kalksteinen des Mesozoikums am ehesten verbreitet. Sie bilden harte, verwitterungsbeständige Gerölle. Sie eignen sich teilweise zum Sammeln und zur Weiterverarbeitung.

Auf einen Blick

- **Alter**
  Alttertiär
- **Herkunft**
  Nördliches Mitteleuropa
- **Häufigkeit**
  selten

Bernstein

Bernstein ist das fossile Harz der Bernsteinbäume. Älteste bekannte Quelle sind marine Sedimente im Raum Kaliningrad/Königsberg. Ob es sich bei dem Bitterfelder Bernstein Mitteldeutschlands um eine eigenständige Bernsteinquelle handelt, ist umstritten. Bernstein kommt nicht nur im Bereich von Nord- und Ostsee vor, sondern auch bis in die Randgebiete des Berglands von Weser, Leine, Elbe und bis nach Niederschlesien. Soweit die Flusstäler auch torfige Ablagerungen enthalten, ist hier mit Bernstein zu rechnen. Dieser wird meist mit Saugbagger gewonnen und lässt sich leicht auf Spülfeldern absammeln. Selten führen auch die Grundmoränen der Eiszeit bis faustgroße Bernsteinbrocken.

Auf einen Blick

- **Alter**
  Oberste Kreide bis Tertiär
- **Herkunft**
  Mitteleuropa, im Tiefland bis etwa östlich der Unterelbe
- **Häufigkeit**
  selten

Süßwasserquarzit

Süßwasserquarzite bestehen aus extrem kieselig zementiertem Sand. Von den zahllosen Regionalbezeichnungen sei nur der Name „Tertiärquarzit“ zusätzlich genannt. Das farblose bis ganz selten blassrötliche Gestein enthält selten die Kanäle ehemaliger Wurzeln (Bild) des Braunkohlenwalds (Wurzelquarzit).
Süßwasserquarzit gehört zu den allerhärtesten Gesteinen überhaupt. Alle Flüsse führen Gerölle von Süßwasserquarzit. Im Bergland können die Gerölle lokal gehäuft auftreten.
Wegen seiner Härte und Reinheit wurde das Gestein früher technisch genutzt.

Auf einen Blick

- **Alter**
  Silur bis Karbon
- **Herkunft**
  Rheinisches Schiefergebirge, Harz, Thüringisches Schiefergebirge bis zu den Sudeten
- **Häufigkeit**
  häufig

Kieselschiefer, Lydit

Als kieseliges Gestein von feinster Körnung besteht Kieselschiefer aus Quarz und wenig Ton. Hochreine Kieselschiefer, fast nur aus Quarz bestehend, werden auch als Lydit bezeichnet. Die Gesteinsfarbe ist meist schwarzgrau, untergeordnet rotbraun oder grünlich. Im Harz ist Kieselschiefer stärker verbreitet als im Rheinischen Schiefergebirge. Im Thüringer Wald und Flechtinger Höhenzug fehlt Kieselschiefer. Dagegen führt das Thüringische Schiefergebirge und darüber hinaus der Raum bis zu den Sudeten weiträumig Vorkommen.
An sich lassen sich Kieselschiefer verschiedener Vorkommen nicht unterscheiden. Allerdings enthält Elbeschotter auch Gerölle stark gefalteten Lydits und solchen mit intensiver Durchsetzung mit Milchquarzadern.

Auf einen Blick

- **Alter**
  Jüngere Unterkreide
- **Herkunft**
  Münsterland, Leinebergland bis westliches Harzvorland
- **Häufigkeit**
  selten

Flammenmergel

Flammenmergel gehört zur Gruppe der Gesteine, aus kieseligen Schwammnadeln bestehend (Spikulit). Derartiges Gestein enthält außer nadelförmigen Skelettnadeln in schwankendem Verhältnis zusätzlich Quarzkörner und Glaukonit. Kalkiges Bindemittel ist meist durch kieseliges ersetzt. Wegen Durchwühlung des Sediments durch marine Tiere hat das helle Gestein ein grauscheckiges Aussehen.
Typischerweise tritt Flammenmergel als Geröll der Leine im ausgehenden Leinebergland und der benachbarten Innerste gehäuft auf. Wegen geringer Festigkeit ist das Gestein in Leineschotter schon nördlich Hannovers kaum noch vorhanden.

Auf einen Blick

- **Alter**
  Kaum Paläozoikum, vor allem Mesozoikum
- **Herkunft**
  Vor allem mesozoisches Bergland zwischen Rhein und Oder
- **Häufigkeit**
  häufig

Kalkstein

Kalksteine bestehen überwiegend aus Kalzit. Tonteilchen und das grüne Mineral Glaukonit können in dem dunkel- bis hellgrauen Gestein hinzutreten. Vielfach lassen sich kalkige Fossilien erkennen.
Das Mesozoikum zwischen Rhein und Oder besteht aus zahlreichen Kalksteinhorizonten. Besonders verbreitet sind die Kalksteine des Muschelkalks der Triaszeit. Unter diesen besteht der Obere Muschelkalk (Bild) aus sehr festem Kalkstein. Die meisten Kalksteine sind wenig fest und neigen zu Verwitterung. Entkalkte Schotter enthalten deshalb keinen Kalkstein. Die Weser und ihr Quellfluss, die Werra, fließen durch große Muschelkalkgebiete des Weserberglands und Thüringens, sodass unverwitterter Weserschotter mehr Kalkstein als benachbarte Flüsse enthält.

Buntsandstein

Auf einen Blick

- **Alter**
  Trias
- **Herkunft**
  In Deutschland weit verbreitet
- **Häufigkeit**
  häufig

Die weißen, gelblichen bis kräftig rötlichen Sandsteine der Buntsandsteinzeit sind im Vergleich zu jüngeren teilweise relativ grobkörnig. Auf Bruchflächen sind manchmal Reste weißen Feldspats erkennbar. Buntsandstein ist leicht an seiner roten Farbe und Grobkörnigkeit erkennbar. Gegenüber anderen Sandsteinen sind Gerölle eher größer und werden besonders weit transportiert. Weserschotter enthalten mehr Buntsandstein als Rhein und Elbe.

Phosphorit

Auf einen Blick

- **Alter**
  Jura, Kreide bis Tertiär
- **Herkunft**
  Mitteleuropa, vor allem das Tiefland zwischen Ems und Oder und östlich davon
- **Häufigkeit**
  selten

Phosphorite sind phosphathaltige Konkretionen in marinen Ton- bis feinsandigen Tonsteinen. In der extrem feinkörnigen braunen bis fast schwarzen Grundmasse sind manchmal Körner von Quarz und Glaukonit oder Kleinfossilien sichtbar.
Phosphorite sind meist umgelagert und deshalb gut abgerollt bei glänzender Oberfläche. Sie sind kaum größer als 1 cm. Gerölle des Gesteins sind zäh und nicht übermäßig verwitterungsempfindlich.

Tonstein

Auf einen Blick

- **Alter**
  Mesozoikum-Tertiär
- **Herkunft**
  In Deutschland verbreitet, auch im Tiefland
- **Häufigkeit**
  selten

Tonstein besteht aus verfestigtem Ton, dessen Hauptbestandteil Tonminerale sind. Das dunkel- bis hellgraue, auch rötliche (Bild) Gestein kann in geringem Umfang kalkig sein.
Wegen der geringen Festigkeit von Tonstein, verschwinden Gerölle schon nach kurzem Transport, können aber im Bereich von Tonstein-Vorkommen gehäuft auftreten.

Auf einen Blick

> **Alter**
> Trias
> **Herkunft**
> Bergland mit Thüringer Becken
> **Häufigkeit**
> selten

Karneol

Karneol-Konkretionen aus feinkörniger Kieselmasse treten in einem bestimmten Schichtbereich des Buntsandsteins auf. Es handelt sich um eine Bodenbildung der klimatisch halbtrockenen Buntsandsteinzeit.
Die grauen, gelblichen bis ziegelsteinrötlichen Kieselbildungen sind in großen Teilen Deutschlands und benachbarten Ländern ausgebildet.
Die wenige Zentimeter großen Karneole sind hart, verwitterungsunempfindlich und kommen in den meisten Flüssen des Triasgebietes vor.
Verarbeitet eignen sich die schönsten als Schmuck- und Dekorationsstein.

Auf einen Blick

> **Alter**
> Perm-Mesozoikum
> **Herkunft**
> Sauerland, Schaumburger Land, Harz, Thüringen, Sachsen.
> **Häufigkeit**
> sehr selten

„Diamanten" aus Quarz

In Deutschland lassen sich an mehreren Stellen isolierte Quarzkristalle mit allseitig gut ausgebildeten Kristallflächen finden. Die wenige Millimeter großen Quarze glitzern deshalb im Sonnenlicht wie Brillanten. Meist sind sie durch Gesteinsverwitterung freigesetzt worden und lassen sich an der Erdoberfläche absammeln.
Bekannte Vorkommen sind: Quarzeinsprenglinge der Porphyre des Ostharzes (Stolberger Diamanten) und von Sachsen (Mutzschener Diamanten), von sächsischem Gangquarz (Löbauer Diamanten), Keuper des Schaumburger Landes (Schaumburger Diamanten) im Weser- und Wiehengebirge und thüringischer Buntsandstein (Tiefengrubener Diamanten). Besonders groß sind die Suttroper Quarze (Bild) aus dem Sauerland im nördlichen Rheinischen Schiefergebirge.
Historisch wurden die Quarze teilweise als Pseudoedelsteine zu Schmuckstein verarbeitet und bis nach Italien geliefert.

Auf einen Blick

- **> Alter**
  Präpaläozoikum, Paläozoikum
- **> Herkunft**
  Grundgebirge
- **> Häufigkeit**
  häufig

Milchquarz

Nördlich der Alpen ist in Deutschland ausschließlich das Grundgebirge und die zugehörigen Gesteine des Paläozoikums von Gängen aus Quarz durchsetzt. Typischerweise ist dieser Gangquarz als weißer Milchquarz ausgebildet. Die Quarzgänge sind vielfach mit Erzmineralisationen verbunden. Das Seifengold zahlloser Flüsse in Mitteleuropa geht auf diese Quarzmineralisationen zurück.
Viel Gangquarz enthalten die Schotter von Rhein, Eder, Innerste und Elbe mit ihren Quellflüssen. Von den großen Flüssen enthält Weserschotter am wenigsten Gangquarz. Milchquarz und Gangquarz allgemein gehört zu den härtesten und verwitterungsbeständigsten Geröllltypen.

Auf einen Blick

- **> Alter**
  Paläozoikum
- **> Herkunft**
  Rheinisches Schiefergebirge, Harz, Thüringer Wald, Erzgebirge, Sudeten
- **> Häufigkeit**
  sehr selten

Amethyst

Das Grundgebirge sowie Vulkanite des jüngsten Paläozoikums Mitteleuropas führen untergeordnet Amethyst. Als verschieden intensiv violetter Quarz wurde Amethyst in Hohlräumen im Zusammenhang mit Gangquarz und in Rotliegend-Porphyren in eigengestaltigen Kristallen gebildet.
Im sächsischen Erzgebirge wurden historisch Amethyst-führende Gänge zur Schmucksteingewinnung abgebaut. Die Schmucksammlung des Grünen Gewölbes in Dresden aus der Zeit August des Starken enthält viel verarbeiteten sächsischen Amethyst. Obwohl lichtempfindlich, lässt sich Amethyst gelegentlich finden, am ehesten noch in Elbeschotter und ihren sächsischen Quellgebieten. In Elbeschotter ist er bis in das Wendland nachgewiesen, aber auch in Weserschotter bis nördlich Hannover.

Auf einen Blick

- **Alter**
  Prä-Perm, Perm, Jura, Kreide
- **Herkunft**
  Grundgebirgsgesteine, darunter Quarzgänge, Rotliegend-Vulkanite des Perm, mesozoische Hornsteine
- **Häufigkeit**
  selten

Achat

Achat ist eine Bildung feinkörnigen Quarzes in Hohlräumen. Typischerweise ist eine im Anschnitt umlaufende Bänderung erkennbar, die durch verschiedene Farbtöne betont wird.
In speziellen Quarzschottern des Tertiär kann Achat häufiger sein, ist aber in jüngeren Schottern selten. Unter diesen ist er am ehesten noch in Rhein- und Elbeschotter zu finden. Achate eignen sich zur Schmucksteinherstellung.

Auf einen Blick

- **Alter**
  Altpaläozoikum
- **Herkunft**
  Rheinisches Schiefergebirge, Harz, Thüringisches Schiefergebirge, Erzgebirge, Lausitzer Gebirge und östlich davon
- **Häufigkeit**
  selten

Jaspis

Sehr feinkörniges Quarzgestein des Grundgebirges von rötlicher oder ähnlicher Farbe wird als Jaspis bezeichnet. Gelegentlich ist das Gestein zu einer Brekzie zerbrochen und durch Quarz verkittet (Bild). Jaspis bildet sehr verwitterungsbeständige Gerölle.

Auf einen Blick

- **Alter**
  Paläozoikum
- **Herkunft**
  Schiefer des Grundgebirges (Erzgebirge)
- **Häufigkeit**
  gelegentlich

Segregationsquarz

Ein weiterer Typ von Gangquarz entstammt den Schiefer- und Phyllitserien, wo sich Quarz auf Rissen der Schieferflächen plattenförmig abgeschieden hat. Gerölle von Segregationsquarz sind deshalb flach und enthalten schieferungsparallel Reste von Schiefer, Glimmer und grünlichem Chlorit.
Elbe und ihre Nebenflüsse führen viel Segregationsquarz.

Auf einen Blick

- > **Alter**
  Altpaläozoikum
- > **Herkunft**
  Grundgebirge
- > **Häufigkeit**
  selten

Eisenkiesel

Im Zusammenhang mit dem Diabas-Vulkanismus des Grundgebirges bildeten sich Roteisensteinlager, auf die historischer Eisenerz-Bergbau umging. Ein Teil dieser Bildung ist stark verquarzt. Hierbei handelt sich um derbe Quarzmassen, die von gelblichem bis rotem hämatitischen Erz durchsetzt sind. Untergeordnet ist sogar eisenmetallischer Glanz ausgebildet. Eisenkiesel bildet Gerölle harten Gesteins und kann liefergebirgsnah und in quarzreichen Schottern häufiger auftreten. Er ist von allen größeren Flüssen bekannt.
Das lebhafte Farbspiel der schönsten Stücke erreicht Schmucksteinqualität. Im 19. Jahrhundert kam es im Rheinischen Schiefergebirge zeitweise zur Dekorationssteingewinnung.

Auf einen Blick

- > **Alter**
  Präkambrium, Altpaläozoikum
- > **Herkunft**
  Grundgebirge
- > **Häufigkeit**
  gelegentlich

Quarzit

Als Quarzit werden streng genommen nur metamorph überprägte Sandsteine bezeichnet. Entsprechend den hochgradigen Bedingungen sind die ursprünglichen Sedimentkörner aus Quarz völlig neu gebildet und stark miteinander verzahnt. Untergeordnet sind Quarzite farbig (Bild). Das Gestein kann Feldspat enthalten.
Reine Quarz-Quarzite sind überwiegend fest und verwitterungsunempfindlich und gehören zu den langlebigsten Gesteinen als Gerölle. Alle großen Flüsse mit einigen ihrer Nebenflüsse führen Quarzite. Gerölle von Weser und Elbe erlauben keine Unterscheidung bezüglich ihrer Liefergebiete.

Auf einen Blick

> **Alter**
> Altpaläozoikum

> **Herkunft**
> Phyllit (Thüringer Wald bis Sudeten) Cordierithaltige Schiefer (Erzgebirge bis weit nach Osten)

> **Häufigkeit**
> selten

Phyllit sowie Fruchtschiefer

Im Laufe der Metamorphose verändern sich Tonsteine zunehmend zu Tonschiefer. Weiter gesteigert, kommt es zur Umwandlung des Tons in Glimmer, was zu seidigem Glanz des Gesteins führt, das dann Phyllit heißt. Durch Kontaktmetamorphose entstandene Fruchtschiefer (auch Knoten-, Fleck- oder Garbenschiefer genannt) enthalten das Umwandlungsmineral Cordierit (Bild) oder weitere. Namensgebend ist die flecken- bis garbenartige Verteilung des Minerals. Phyllit tritt im Weser- und Elbesystem auf, Fleck- und Garbenschiefer nur im Elbesystem. Wegen geringer Festigkeit kommen die Gesteine allenfalls liefergebietsnah als Gerölle vor.

Auf einen Blick

> **Alter**
> Präkambrium bis Altpaläozoikum

> **Herkunft**
> Thüringer Wald bis Sudeten, Innerböhmen

> **Häufigkeit**
> selten

Gneis

Gneise entstehen aus Graniten und Feldspat haltigen Sandsteinen durch Umwandlung. Sie enthalten die granittypischen Minerale Feldspat, Quarz und Glimmer. Untergeordnet treten andere Minerale wie das Metamorphose-Mineral Granat hinzu. Im Gegensatz zu Granit haben Gneise eine unterschiedlich deutliche Lagentextur infolge gerichteten Drucks.
Die Weser zapft mit ihrem rechten Teilfluss, der Werra, Gneisvorkommen an. Die Elbequellflüsse nehmen den Gesteinstyp auch in größeren Mengen auf.
Bei hohem Glimmerhalt ist Gneis wenig fest und zerfällt schnell beim Flusstransport entlang der Glimmerlagen.

Auf einen Blick

- > **Alter**
  Altpaläozoikum
- > **Herkunft**
  Thüringer Wald bis Erzgebirge und Sudeten
- > **Häufigkeit**
  selten

Amphibolit

Amphibolit entsteht durch die metamorphe Umwandlung von Basalt und dem mineralisch entsprechenden Gabbro. Das Gestein besteht aus hellem Feldspat und dunklem, meist schwarzem Amphibol. Quarz kann hinzutreten. Erreichen die Mineralkörner Millimetergröße, entsteht ein unverwechselbares Schwarz-Weiß-Muster.
Amphibolit ist ein leicht verwitterbares Gestein geringer Härte und kommt als Flussgeröll nur liefergebietsnah vor.

Auf einen Blick

- > **Alter**
  Altpaläozoikum
- > **Herkunft**
  Granulitgebirge
- > **Häufigkeit**
  sehr selten

Granulit

Granulit ist ein Gestein der Hochdruckmetamorphose. Granulit im engeren Sinn besteht vor allem aus Feldspat und Quarz. Kristallwasser haltige Minerale wie Glimmer kommen in reinem Granulit nicht vor. Ein Lagengefüge ist meist erkennbar. Das mit Abstand wichtigste mitteleuropäische Vorkommen bildet das sog. Granulitgebirge in Sachsen. Es liegt im Einzugsgebiet der Elbe. Fein- bis kleinkörniger Granulit erinnert am ehesten an Granit und tritt in Schottern des Elbenebenflusses Mulde und weiteren der oberen Elbe auf.

Auf einen Blick

- > **Alter**
  Altpaläozoikum
- > **Herkunft**
  Thüringisches Schiefergebirge, Sachsen, Sudeten
- > **Häufigkeit**
  selten

Metakonglomerat

Metakonglomerate sind metamorph überprägte Konglomerate, deren Gerölle teilweise eine Deformation erkennen lassen. Sie bestehen aus verschiedenen Gesteinen; Gangquarz und Quarzit sind häufige Komponenten.

NIEDERLANDE
Weser
Hannover
DEUTSCHLAND
Aachen-
Maastricht-
Gebiet
Aachen
Sieben-
gebirge
BELGIEN
Laacher
See
Wester-
wald
Rheinisches Schiefergebirge
Eifel
Lahn-Dill-Gebiet
Fulda
Taunus
Frankfurt
am Main
Wittlicher
Senke
Trierer
Becken
Mosel
Mainz
Mainzer
Becken
Hunsrück
LUXEM-
BURG
Trier
Spessart
Main
Oden-
wald
Saar-Nahe-
Gebiet
Nürnb
Saarbrücken
süddeutsche
Rhein
Triasgebiete
FRANKREICH
Stuttgart
Strassburg
Donau
Vogesen
Schwarzwald
München
Bodensee
Zürich
Innsbruck
SCHWEIZ
ÖSTERREICH
BERN

Steine sammeln an Rhein und Mosel

Nahezu 200 000 km^2 beträgt das Einzugsgebiet des Rheins und seiner Nebenflüsse. Der längste ist die Mosel. Alle Flüsse, die in den Rhein hineinfließen, bringen Material mit sich, das letztendlich überwiegend als fein gemahlener Sand und Ton in der Nordsee abgelagert wird. Während das Material der beiden Quellflüsse des Rheins überwiegend im großen Sammelbecken Bodensee abgefangen wird, bringen die Aare, die bei Koblenz (Schweiz) in den Rhein mündet, und der Ill, der im Schweizer Jura entspringt und das Elsass durchfließt, alpines Material in den Rhein. Ihre Schotter sind im Oberrheingebiet zahlreich zu finden. Den weiten Weg in die Rheinlande schaffen sie jedoch so gut wie nie. Sie werden zermahlen und passieren Köln nur noch als Sandkörner. Die Gerölle, die sich in den Schottern des Oberrheins noch massenhaft finden, wie beispielsweise Kalke und Gneise, sind südlich von Mainz nur noch extrem selten zu entdecken.

Gesteinslieferanten: Die Nebenflüsse

Von Mainz bis Köln wird das Gesteinsspektrum vor allem durch die Liefergebiete der Mosel, der Nahe und des Rheinischen Schiefergebirges bestimmt.

Wichtige Flüsse, die in den Rhein münden, sind der Neckar – er durchfließt das süddeutsche Buntsandsteingebiet – der Main aus Franken und die Mosel, die in den Vogesen entspringt. Sie bringt auch Gesteine aus dem Rheinischen Schiefergebirge. Aber auch kleine Flüsse wie Nette, Brohlbach, Sieg und Lahn liefern interessantes Material, das sich in der Niederrheinischen Bucht sammelt. So trägt beispielsweise der Brohlbach Schlacke von den Vulkanen der Osteifel und Bims vom Laacher See in den Rhein. Vor der niederländischen Grenze wird das Geröllspektrum wiederum durch Ruhr und Lippe erweitert, die Gesteine des karbonischen Steinkohlegebiets und der Kreide des Münsterlands mit sich führen.

Ein Meer wird Gebirge

Vor 400 Millionen Jahren befand sich an der Stelle, wo heute das Rheinische Schiefergebirge liegt – dazu gehören Taunus, Hunsrück, Westerwald, Spessart, Eifel, Bergisches Land, Sauerland und Siegerland –, ein Meeresbecken, das Devonmeer. In dieses Meer wurde von einem im Norden gelegenen Kontinent Verwitterungsmaterial eingetragen. Über 10 000 Meter mächtige, sandige Sedimente bildeten sich. In der Karbonzeit vor etwa 300 Millionen Jahren wurden diese Sedimente während einer Gebirgsbildung verfestigt, gefaltet und nach oben gedrückt. Ein einige Tausend Meter hohes Gebirge entstand, das Rheinische Schiefergebirge, das in den nachfolgenden Jahrmillionen wieder abgetragen wurde. Sein

Rumpf bildet die heutigen Mittelgebirge. Diese Sedimente beeinflussten entscheidend die Rheinsedimente, die hinter Mainz in den Fluss gelangen. Während der letzten Eiszeiten lagerte der Rhein in der Niederrheinischen Bucht hinter Linz mächtige Geröllmassen ab. Daher sind für den Sammler nicht nur die Rheinufer interessant, sondern auch die Kiesgruben rechts und links des Rheins. Hier werden die Rheinschotter der sogenannten Rheinterrassen, überwiegend der Niederterrasse, abgebaut.

Eine Gletschermoräne bei Düsseldorf

Die Eispanzer der Saaleeiszeit erreichten vor etwa 350 000 Jahren Düsseldorf. Bei Düsseldorf findet sich eine saalezeitliche Stauchmoräne. Im Niederrheingebiet unterhalb Düsseldorfs müssen wir deshalb auch mit aufgearbeitetem Material älterer Moränen rechnen, die Geschiebe Norddeutschlands enthalten.

Nur frisches Material untersuchen

Am Ufer liegende Gerölle sind meist von einer grünlichen Schicht von Diatomeen (Kieselalgen) überzogen. Gerölle sammelt man deshalb besser dort, wo dieser schleimige Film wieder vom Regen abgewaschen wurde. Auch wenn dabei schöne Gerölle zerstört werden, sollten Gesteine nur an frischen, nicht verwitterten oder durch Umwelteinflüsse veränderten Bruchkanten untersucht werden. Sammler müssen zum Bestimmen das Geröll zerschlagen.

Auf einen Blick

> **Alter**
Präkarbon, Karbon, älter als 300 Mio. Jahre

> **Herkunft**
Schwarzwald, Odenwald, Vogesen (Mosel)

> **Häufigkeit**
gelegentlich

Granit

Granit besteht aus Quarz (klar und glasartig, meist rundlich) und Feldspäten (Plagioklase = weißlich; Alkalifeldspäte; Orthoklase = rosafarben). Dunkle Gemengteile sind Hornblende und Biotit. Aufgrund des langen Transportwegs immer gut gerundet. Granit ist grobkörnig, die einzelnen Kristalle sind mit bloßem Auge gut zu erkennen. Granitgerölle an Rhein und Mosel sind meist von kleinerer Korngröße, selten mit zentimetergroßen Kristallen. Granit hat keine Porenhohlräume.

Auf einen Blick

> **Alter und Herkunft**
Tertiär, 25 Mio. Jahre, Siebengebirge, Drachenfelser Ländchen
Quartär, 200 000 Jahre, Osteifel
Tertiär, Oberes Oligozän, 25 Mio. Jahre, Westerwald

> **Häufigkeit**
häufig

Basalt

Basalt ist oft ziemlich porös, die Poren entstanden durch Gasblasen, die beim Austritt der Lava im Gestein waren und durch die zu schnelle Abkühlung nicht mehr entweichen konnten. Basalt kann aber auch dicht und fast ohne Poren sein. Seine Farbe ist dunkelgrau bis grauschwarz. Häufig sind schwarze Kristalle (Pyroxene, Augite) oder grünlich transparente Olivine eingesprengt, insbesondere die Olivinkristalle sind – wenn vorhanden – typisch. In Nordrhein-Westfalen sind die Basaltgerölle aufgrund kurzen Transportwegs meist sehr schlecht gerundet, häufig sind sie kantig.

Auf einen Blick

> **Alter**
Perm

> **Herkunft**
Saar-Nahe-Gebiet

> **Häufigkeit**
selten

Porphyrischer Andesit

Porphyrischer Andesit zeigt als typisches Gefüge viele Kristalle in einer feinkörnigen Matrix. In eine dunkelgraue Grundmasse sind viele weiße stäbchenförmige Kristalle (Feldspäte) eingebettet. Aufgrund des langen Transportwegs sind diese Andesite gut abgerollt. Oftmals sind die länglichen Kristalle auch herausgewittert; es sind entsprechende Hohlräume vorhanden, was ein relativ charakteristisches Bild ergibt.

Auf einen Blick

- **Alter**
  Tertiär,
  ca. 25 Mio. Jahre
- **Herkunft**
  Siebengebirge
- **Häufigkeit**
  selten

Latit aus dem Siebengebirge

Hellgraue, dichte Gesteinsmasse mit deutlichen schwarzen Hornblende- und Augitkristallen, die einige Zentimeter groß werden können, oft aber auch nur einige Millimeter groß sind. Häufig sind helle Feldspat-Kristalle (Plagioklase) enthalten, die in den Latiten des Siebengebirges nur sehr klein ausgebildet sind. Latite bilden einige Quellkuppen des Siebengebirges, wie Stenzelberg und Wolkenburg, d. h. die Lava ist in die aufliegende Tuffschicht hineingequollen und dort erkaltet.

Auf einen Blick

- **Alter**
  Perm
- **Herkunft**
  Nahegebiet
- **Häufigkeit**
  eher selten

Latit aus dem Nahegebiet

In den permischen Vulkaniten des Nahegebietes finden sich Latite als durchschlagende Gesteinsgänge. In der hellgrauen, dichten Gesteinsmasse finden sich viele Kristalle von schwarzer Hornblende und klaren Quarzes.

Auf einen Blick

- **Alter**
  Tertiär,
  ca. 25 Mio. Jahre
- **Herkunft**
  Siebengebirge (Drachenfels, Lohrberg, Geisberg); Westerwald
- **Häufigkeit**
  eher selten

Trachyt

Ein weißlich bis hellgraues Gestein mit hellen Kristallen ganz unterschiedlicher Größe in einer feinen Grundmasse. Im Drachenfelstrachyt stecken sehr viele sehr große plattige Sanidinkristalle (Feldspäte) bis Fingerlänge, die dem Rheinländer bestens bekannt sind. Trachyt war wichtiges Baumaterial für den Kölner Dom und für viele, vor allem romanische Kirchen im Köln-Bonner Raum. Im Lohrberg-Trachyt sind die Einsprenglinge deutlich kleiner, es finden sich helle Feldspat-Kristalle, aber keine klaren Quarzkristalle. Die Bruchflächen sind meist rau, das Gestein ist eher porös.

Auf einen Blick

- **Alter**
  Pleistozän, 12.800 Jahre
- **Herkunft**
  Laacher-See-Vulkan
- **Häufigkeit**
  hinter Andernach häufig, rasch seltener werdend

Laacher-See-Bims

Ein einzigartiges Gestein, sehr porös mit weit über 90 % Porenraum. Im trockenen Zustand schwimmt der weißlich bis gelbliche Bims auf dem Wasser. Bims ist eine sehr SiO_2-reiche Lava, häufig sind Xenolithe enthalten. Die Lava wurde bei einer extrem schnellen und heftigen Vulkaneruption an die Erdoberfläche befördert und erstarrte glasig, ohne dass sich Kristalle bilden konnten. Durch die schnelle Förderung kam es zu einer sehr starken Entgasung der Lava, die Lava schäumte sozusagen auf und es bildeten sich durch die Gasblasen bedingt zahllose Poren. Bims enthält viele kleine klare Kristalle, gelegentlich auch schwach bis sehr kräftig blaue Kristalle, das Mineral Hauyn. Fundgebiet: nördlich von Andernach

Auf einen Blick

- **Alter**
  Pleistozän (Eiszeitalter) , ca. 200 000 bis 10 000 Jahre
- **Herkunft**
  Vulkane der Osteifel
- **Häufigkeit**
  selten

Vulkanische Schlacke

Wohl die typischste Lavaart, wie man sie von vielen Vulkanen, Vulkaninseln und auch aus dem Lavagrill kennt. Dunkelbraun bis schwarzgrau mit großen Poren, relativ leicht und meist gut gerundet. Häufig sind kleine, plattige, glänzende Biotitkristalle zu erkennen. Auf den ersten Blick leicht mit den häufigen Hochofenschlacken zu verwechseln, die jedoch einen seltsam bunt metallischen Glanz zeigen und beim Aufschlagen metallisch dicht erscheinen. In der Osteifel rund um den Laacher See stehen in großer Anzahl Schlackenvulkane, die dort in den letzten Jahrhunderttausenden ausgebrochen sind.

Auf einen Blick

- **Alter**
  Pleistozän (Eiszeitalter), ca. 200 000 bis 140 000 Jahre
- **Herkunft**
  Bausenberg-Vulkan, Niederzissen, Osteifel
- **Häufigkeit**
  selten

Basanit

Der Basanit des Bausenbergs ist auch eine basaltische Schlacke. Es ist dunkelgraues bis schwarzes Gestein mit deutlichen Einsprenglingen. Dies sind heller Feldspat und Leucit, vor allem aber Großer Schwarzer Augit. Das Gestein ist blasig porös.

Auf einen Blick

- **Alter**
  Perm, ca. 290 Mio. Jahre
- **Herkunft**
  Saar-Nahe-Gebiet
- **Häufigkeit**
  gelegentlich

Melaphyr

Melaphyr ist ein basaltisches Erstarrungsgestein aus älteren Erdzeitaltern, das sekundär umgewandelt wurde. Die Gesteine sind von dunkler Farbe und mit zahlreichen hellen stäbchenförmigen Kristallen (Plagioklas = Feldspat) durchsetzt. Melaphyrgerölle sind gut gerundet.

Auf einen Blick

- **Alter**
  Unteres Perm, ca. 290 Mio. Jahre
- **Herkunft**
  Saar-Nahe-Gebiet
- **Häufigkeit**
  gelegentlich

Melaphyr-Mandelstein mit Serpentinfüllung

Als Mandelsteine werden Gesteine bezeichnet, wenn Blasenhohlräume sekundär durch Achat, Zeolith, Calcit, Serpentin usw. ausgefüllt wurden. Ein vulkanisches Gestein von dunkler Farbe mit zahlreichen grünlichen Kristallmandeln darin. Diese Mandelsteine wirken dekorativ, die Gerölle sind gut gerundet und charakteristisch.

Auf einen Blick

- **Alter**
  Unteres Perm,
  ca. 290 Mio. Jahre
- **Herkunft**
  Saar-Nahe-Gebiet, Mosel (Wittlicher Senke), Pfälzer Bergland, Odenwald (Dossenheim)
- **Häufigkeit**
  relativ häufig

Rhyolith/Quarzporphyr

Rhyolithe haben vielfache Erscheinungsformen an Farbe, sie können tiefdunkelrot sein, aber auch fast hellrosarot. Auch die enthaltenen Kristalle können unterschiedliche Größen haben. Sichtbar sind gräulich klare Quarzeinsprenglinge, die Grundmasse ist durch Pigmentminerale wie Hämatit und Goethit meist hellrot über rotbraun bis dunkelrot gefärbt. Chlorit verursacht grünliche Färbung. Porphyre sind meist als deckenförmige Vulkanite ausgeflossen und nicht sonderlich mächtig. Rhyolithische Vulkanite aus paläozoischen Formationen werden als Quarzporphyre bezeichnet.

Auf einen Blick

- **Alter**
  Perm,
  ca. 290 Mio. Jahre
- **Herkunft**
  Lahngebiet, Maingebiet (?)
- **Häufigkeit**
  selten

Diabas-Mandelstein mit Achatmandeln

Diabas kann Blasen enthalten, die gefüllt mineralgefüllt als Mandeln bezeichnet werden. Die bräunlichen, meist gut gerundeten Gerölle besitzen im unverwitterten Zustand viele meist weißlich-rötliche Achatmandeln, die oft erst zum Vorschein kommen, wenn das Geröll aufgeschlagen wird außen sind meist nur Hohlräume zu sehen. Neben den jungen, höchstens 25 Millionen Jahren alten Basalten des Rheinlands gibt es auch sog. Paläobasalte, basische Gesteine, die bereits im Erdaltertum ausgeflossen sind. Von Idar-Oberstein kennt man die permischen Vulkanite des Saar-Nahe-Berglandes, sie sind meist leicht metamorph und werden Diabase und Melaphyre genannt.

Auf einen Blick

> **Alter**
> Quartär
> **Herkunft**
> Vulkaneifel
> **Häufigkeit**
> selten

Tuffit

Ein Gestein vulkanischen Ursprungs mit erkennbaren Feldspäten. Quarz ist nicht erkennbar. Die zahlreichen Poren deuten auf ein effusives, entgastes Gestein hin. Tuffit ist Tuff mit sedimentär-klastischen Bestandteilen, bspw. Sandsteinbruchstücken, die während der Vulkaneruption mit hinausgeschleudert wurden. Das Gestein gehört zur Gruppe der Pyroklastite.

Auf einen Blick

> **Alter**
> Tertiär
> **Herkunft**
> Siegerland Bonn
> **Häufigkeit**
> selten

Kristalltuff/Schlotbrekzie

Eine verfestigte pyroklastische Ablagerung, deren Brekzienpartikel aus Kristallen bestehen, wie sie sich in den tertiären Vulkaniten am Rhein finden. In grünlicher Matrix liegen Feldspatbruchstücke. Das Gestein ist weich, die Gerölle sind gut gerundet, der Transportweg war nur kurz.

Auf einen Blick

> **Alter**
> Unterdevon,
> ca. 400 Mio. Jahre
> **Herkunft**
> Taunusquarzit, Emsquarzit, Quarzite aus Hunsrück und Eifel
> **Häufigkeit**
> sehr häufig

Quarzsandstein

Ein sehr häufiges Gestein im Mittelrhein- und Niederrheingebiet, es ist sehr hart und splittert beim Anschlagen. Das sehr feinkörnige Gestein ist farblich sehr vielseitig, hell oder dunkel, gelbbraun, rötlich oder grünlich gefärbt, die dichte glatte Oberfläche glänzt etwas. Fast immer sind die Gerölle durch langen Transport gut gerundet. Das zerschlagene Geröll zeigt eine glatte, glänzende Bruchfläche.
Sandige Ablagerungen des Devonmeers wurden bei der Faltung des variszischen Gebirges diagenetisch durch erhöhten Druck und erhöhte Temperatur verfestigt und bildeten Quarzsandsteine, die erheblich verwitterungsresistenter sind als andere Sandsteine.

Auf einen Blick

> **Alter**
> Unterdevon,
> ca. 400 Mio. Jahre
> **Herkunft**
> Rheinisches Schiefergebirge (Eifel, Taunus, Hunsrück, Siegerland)
> **Häufigkeit**
> sehr häufig

Quarzsandsteine mit Quarzbändern

Außer dem Milchquarz wohl das typischste Geröll am Rhein, das Gestein ist von milchig weißen Quarzadern durchzogen. Die Quarzbänder sind entstanden, als das Gestein während der Gebirgsbildung durch hohen Druck zerklüftet und von quarzhaltigen, wässrigen Lösungen durchflossen wurde. Bei Abkühlung fiel der Quarz aus und füllte die Klüfte bis zu einigen Metern dick mit Quarz, meist aber nur einige mm oder cm dick. Diese Gerölle finden sich überall im Mittelrhein- und Niederrheingebiet.

Auf einen Blick

- **Alter**
  Unterdevon, ca. 400 Mio. Jahre
- **Herkunft**
  Rheinisches Schiefergebirge (Eifel, Taunus, Hunsrück, Siegerland)
- **Häufigkeit**
  gelegentlich

Quarzsandsteine mit Hämatitfärbung

Das Gestein sieht aus, als seien rote Komponenten enthalten, die Färbung stammt jedoch von eingedrungenen hämatithaltigen Lösungen, die sich dort niedergeschlagen haben. Hämatit ist Eisenoxid.

Auf einen Blick

- **Alter**
  Unterdevon, ca. 400 Mio. Jahre
- **Herkunft**
  Rheinisches Schiefergebirge (Eifel, Taunus, Hunsrück, Siegerland)
- **Häufigkeit**
  häufig

Quarzsandsteine mit äußerer Färbung

Häufig finden sich kantige Gerölle brauner Färbung. Zerschlägt man sie, ist das Gestein sehr hell, dicht und feinkörnig, nur außen herum ist das Gestein nicht einmal einen Millimeter tief braun eingefärbt. Die äußere Färbung kam durch eisenhaltige Lösungen zustande, die den Quarzsandstein umflossen haben.

Auf einen Blick

- **Alter**
  Unter- bis Mitteldevon, ca.360 Millionen Jahre
- **Herkunft**
  Rheinisches Schiefergebirge (Eifel, Oberbergisches Land)
- **Häufigkeit**
  selten

Devonischer Sandstein mit Fossilien

Es sind Sandsteine, die auch sandkörnig aussehen und an denen sich auch einzelne Körner fühlen lassen. Gelegentlich sind Abdrücke von Fossilien enthalten. Eines der häufigsten Fossilien sind Seelilienstielglieder, gelegentlich Brachiopoden. Sie finden sich überall im Rhein-Mosel-Gebiet.

Auf einen Blick

- > **Alter**
  Unterdevon, Siegenstufe, ca. 400 Mio. Jahre
- > **Herkunft**
  Taunus, Hunsrück
- > **Häufigkeit**
  selten

Taunusquarzit

Es ist ein meist heller, sehr fester, verwitterungsresistenter Quarzsandstein mit einem Gefüge gleichmäßiger Körnung. Dieser Quarzsandstein ist ein sedimentär-diagenetisches Gestein und geht auf quarzreiche Sande zurück, die im Lauf der Erdgeschichte als Teil der Erdkruste absanken und durch höheren Druck und höhere Temperatur verändert wurden („Diagenese") Quarzanteil über 75%. Die Farbe variiert von hellgrau bis zu verschiedenen Rottönen.
Eine Einregelung der Körner lässt sich nicht erkennen, im Gegensatz zu nicht diagenetisch überprägten Sandsteinen lassen sich auch keine einzelnen Sandkörner erkennen. Kein echter metamorpher Quarzit, sondern ein Quarzsandstein, der auch selten Fossilabdrücke enthalten kann.

Auf einen Blick

- > **Alter**
  Unter- bis Mitteldevon, ca.390 Millionen Jahre
- > **Herkunft**
  Rheinisches Schiefergebirge (Eifel, Oberbergisches Land)
- > **Häufigkeit**
  sehr häufig

Devonischer Sandstein

Die sandigen Gesteine des Rheinischen Schiefergebirges (Eifel, Hunsrück, Taunus, Bergisches Land) sind überwiegend Sandsteine, gelegentlich Kalksandsteine. Sie sind weniger hart als Quarzsandsteine zerschlägt man sie, sind Sandkörner fühlbar und bröseln eventuell sogar einzeln heraus. Sie finden sich überall im Rhein-Mosel-Gebiet. Kalk löst sich schnell im Wasser; deshalb findet sich Kalksandstein nur nahe am Ursprungsort, nach wenigen 10er-Kilometern ist der Kalk oft gelöst. Je kalkiger der Kalksandstein, desto schneller verwittert er.

Auf einen Blick

> **Alter**
mittlere Trias (Muschelkalk) ca. 240 Mio. Jahre

> **Herkunft**
Nierstein südlich von Mainz

> **Häufigkeit**
sehr selten

Muschelkalk mit Fossilien

Charakteristisches Fossil. Steinkern eines Ceratiten im Kalkstein, auch Bruchstücke oder Abdrücke lassen sich finden. Der Fundort des abgebildeten Ceratiten liegt etwa in der Höhe von Nierstein, in dieser Region finden sich relativ große Vorkommen von Muschelkalksedimenten. (Fundstück von Volker Faath)

Auf einen Blick

> **Alter**
Oberes Miozän, ca. 10 Mio. Jahre

> **Herkunft**
Mainzer Becken

> **Häufigkeit**
eher selten

Hydrobienkalkstein

Hydrobienkalk findet sich weiträumig im Mainzer Becken, kommt aber nur selten in der Niederrheinischen Bucht an. Hydrobienkalk wird in großen Steinbrüchen abgebaut. Benannt ist das Gestein nach der nur 3 bis 4 mm großen Schnecke *Hydrobia*, die milliardenfach in diesem Kalkstein vorkommt und nahezu allein gesteinsbildend ist. Die unendlich vielen winzigen Schneckengehäuse machen das helle, fast weiße Gestein charakteristisch. Mit der Lupe sind in jedem Fall zahllose winzige Schneckenhäuser zu erkennen.

Auf einen Blick

> **Alter**
meist devonisch, ca. 400–350 Mio. Jahre

> **Herkunft**
Rheinisches Schiefergebirge

> **Häufigkeit**
an der Mosel sehr häufig, unterhalb Kölns seltener

Tonschiefer

Schiefergesteine, wie wir sie aus den Weinbergen kennen, finden sich oftmals in großer Zahl, sind deutlich plattig und zerbrechen auch plattig. Oftmals mit der Hand zu zerbrechen. Farbe meist grau. Im Moselbereich sind die Tonschiefer noch oftmals großplattig, am Rhein sind sie dann schon zu kleineren Geröllen zerbrochen. Es ist eine deutliche Schieferung zu erkennen, oftmals kann der Tonschiefer mit dem Fingernagel geritzt werden.

Auf einen Blick

- **Alter**
  Paläozän bis Tertiär, jünger als 66 Mio. Jahre
- **Herkunft**
  vielfach aus der Region des Rheinischen Schiefergebirges
- **Häufigkeit**
  selten

Braune und Schwarze Quarzbrekzie

Brekzien sind vielgestaltig und vielfarbig. Grobe, eckige Gesteinstrümmer unterschiedlicher Größe von sehr klein bis groß sind in einer Grundmasse zu einem harten Gestein verkittet. Brekzien entstehen durch Vulkanausbrüche oder Felsstürze, das Ursprungsgestein kann aber auch durch tektonische Bewegungen zertrümmert worden sein. Die Komponenten der Brekzie wurden nicht oder nur wenig transportiert, deshalb sind sie sehr eckig und nicht wie bei einem Konglomerat gut abgerollt.
Die Bindemittel der hiesigen Brekzien ist meist Quarz, darin eingebettet sind oftmals Milchquarze.

Auf einen Blick

- **Alter**
  ?
- **Herkunft**
  Moselgebiet, Lothringen bis Luxemburg bis an den Eifelnordrand
- **Häufigkeit**
  gelegentlich

Konglomerate

Konglomerate entstehen in Flüssen oder an Küsten, wenn Gesteinsschutt durch die Wasserbewegung mehr oder weniger gut abgerollt wird. Die Trümmer werden in ein feines Sediment eingebettet, das später zu Gestein wird. Konglomerate können sehr unterschiedliche Zusammensetzungen, Farben und Erscheinungsformen annehmen. Konglomerate sind im Rheinischen Schiefergebirge vielfältig vorhanden und beinhalten diverse Trümmerkomponenten. Ihre Zuordnung zu einer Herkunftslokalität ist schwierig, wenn nicht eine typische Fundstelle bekannt ist.
Bei dem abgebildeten Konglomerat sind abgerundete Gesteinstrümmer in Quarzsandstein eingebettet.

Auf einen Blick

- > **Alter**
  Trias (Buntsandstein), ca. 245 Mio. Jahre
- > **Herkunft**
  Mosel (Trierer Becken), Mainfranken, Schwarzwald, Vogesen, Lahngebiet
- > **Häufigkeit**
  häufig

Roter Buntsandstein

Es sind Gesteine mit einer deutlichen Körnung, beim Reiben mit dem Daumen ergibt sich oftmals sandiger Abrieb. Sandkörner sind erkennbar und fühlbar. Typisch sind oftmals kleine Hohlräume, die von ehemaligen, nun verwitterten Tonlinsen herrühren. Die Korngröße des Sandsteins kann sehr unterschiedlich von fein bis grob sein. Die roten Sandsteine entstanden durch terrestrische Ablagerungen in trockenem, heißen Halbwüstenklima.

Auf einen Blick

- > **Alter**
  Paläozän oder jünger, jünger als 66 Mio. Jahre
- > **Herkunft**
  Gegend oberhalb Bamberg/Oberfranken (?)
- > **Häufigkeit**
  sehr selten

Helle Quarzbrekzie

Ein sehr typisches Gestein, in dem kantige, dunkle Grauwackebruchstücke in einer hellen quarzitartigen Masse eingebettet sind. Die Herkunft ist fraglich, am Main bei Bamberg finden sich sehr ähnliche Gerölle.

Auf einen Blick

- > **Alter**
  Tertiär
- > **Herkunft**
  Calmuth bei Remagen
- > **Häufigkeit**
  selten

Braunes Quarzkonglomerat von Remagen

Ein sehr typisches Gestein, das sich oberhalb von Remagen gelegentlich in der Rheingeröllen findet. Das anstehende Gestein lässt sich am Calmuth, einem Berg bei Remagen, betrachten. Weiße Milchquarze sind in einer braunen Grundmasse eingebettet.

Auf einen Blick

> **Alter**
Devon,
ca. 400 Mio. Jahre,
Karbon,
ca. 300 Mio. Jahre

> **Herkunft**
Frankenwald (Silur und Devon), Lahngebiet (Karbon) sowie andere Teile des Rheinischen Schiefergebirges

> **Häufigkeit**
häufig

Schwarzer Lydit (Kieselschiefer)

Tiefschwarzes Gestein, häufig von zarten weißen Quarzbändern durchzogen, muscheliger Bruch, meist keine Schichtung erkennbar. Das Gestein ist sehr hart und spröde, Lydite haben meist eine rechteckige Geröllform. Die Oberfläche ist sehr glatt, ein regelrechter Handschmeichler. Große Vorkommen gibt es im oberen Lahngebiet. Lydite bestehen zudem zum großen Teil aus den mikroskopisch (Elektronenmikroskop!) kleinen Skeletten von Radiolarien, dies sind einzellige Lebewesen, die ein Außenskelett aus Kieselsäure bilden. Äußerlich sind Lydite von der Lahn von denen des Frankenwalds nicht zu unterscheiden.

Auf einen Blick

> **Alter**
Trias (Muschelkalk) + Jura

> **Herkunft**
Oberfranken (Region Regnitz und Pegnitz); Moselgebiete; Vogesenrandgebiet oder Lothringen

> **Häufigkeit**
relativ häufig

Hornstein

Meist haselnussbraune, aber auch gelbbraune und gelegentlich gelbliche Gerölle, an der Oberfläche ist das Gestein meist dunkler, innen heller. In der Kölner Bucht sind sie meist 2–5 cm groß, selten größer. Die feuersteinähnlichen Gerölle sind meist kantengerundet, vom Gesamthabitus aber eckig. In den Gesteinen entstanden dichte Kieselausscheidungen, deren braune Färbung von Eiseneinschlüssen herrührt, die dem Grundwasser entstammen. Die Herkunft des SiO2 ist oftmals unbekannt. Der Fossilinhalt (Muscheln, Brachiopoden, Ostracoden, Foraminiferen, Schwammnadeln, Echinodermenreste) wird oft erst im Dünnschliff sichtbar. In Kiesgruben des Obermains finden sich die Hornsteine massenhaft, sie werden durch die Regnitz angeliefert, aber auch im Rheinland sind sie immer, wenn auch weniger häufig zu finden.

Auf einen Blick

- **Alter**
  Paläozoikum, älter als 290 Mio. Jahre
- **Herkunft**
  Rheinisches Schiefergebirge
- **Häufigkeit**
  selten

Paläozoisches Konglomerat

Gut sichtbar sind Quarzbruchstücke und Lithoklasten, also Bruchstücke eines zuvor bereits verfestigten Gesteins, das zertrümmert und abgerollt, abgelagert und durch ein Bindemittel zu einem neuen Gestein verfestigt wurde. Sichtbar sind ebenfalls durch Quarz verkittete Brüche als Resultat tektonischer Bewegung.

Auf einen Blick

- **Alter**
  Tertiär
- **Herkunft**
  ?
- **Häufigkeit**
  sehr selten

Brauneisenstein mit Schnecken

Ein ganz typisches Geröll mit zahlreichen Abdrücken der Turmschnecke *Turritella*. Das Gestein ist ein durch Eisenoxide dunkelbraun gefärbter Brauneisenstein und sehr hart, da durch Kieselsäure verfestigt. Dieses Fundstück stammt vom Rheinufer in Düsseldorf. Oberhalb Düsseldorfs scheinen solche Gesteine nicht anzustehen, als Herkunft käme deshalb Norddeutschland infrage. Eiszeitliche Moränenablagerungen der Saaleeiszeit vor 350 000 Jahren können norddeutsches Material enthalten. (Fundstück von Ruth Weber)

Auf einen Blick

- **Alter**
  Karbon, ca. 350 Mio. Jahre
- **Herkunft**
  Lahngebiet
- **Häufigkeit**
  sehr häufig

Dunkelroter Eisenkiesel

Durch den Einschluss von Eisenoxiden nimmt dieses Gestein eine rote Farbe an. Oftmals ist es von feinen weißen Quarzadern durchzogen. Der hohe SiO_2-Gehalt macht das Gestein sehr hart, die Gerölle sind glatt und fest. Sie stammen aus der Region der Eisenerzlagerstätten des Lahn-Dill-Gebiets und können allgemein als Eisenerz mit zu geringem Eisengehalt bezeichnet werden.

Auf einen Blick

- **Alter**
  Oberkreide
  ca. 80 Mio. Jahre
- **Herkunft**
  Raum Aachen-Maastricht, Provinz Limburg
- **Häufigkeit**
  relativ häufig am Rhein unterhalb Düsseldorf

Maaseier

Maaseier (auch Wallsteine genannt) sind Gerölle aus Feuerstein. Sie besitzen eine ellipsoide, eiförmige Form, die Rinde ist hell- bis dunkelgrau gefärbt. Ihr Inneres ist in der Regel mittel- bis dunkelgrau, selten grau-gelb, die Bruchflächen sind glatt und meistens leicht glänzend. Die Feuersteine bildeten sich in der Oberkreide. Erst im Miozän vor 10 Millionen Jahren wurden aus den Feuersteinen die Maaseier. Die Feuersteine gerieten in den Brandungsbereich der tertiären Nordsee, wurden abgerollt, es sind sozusagen „Strandkiesel". Die Nordsee drang in die Niederrheinische Bucht vor und verlagerte auch die Maaseier dorthin, sie finden sich in den Schottern von Maas und Rhein, auch in der jüngeren Hauptterrasse, ebenso in den Schichten der Rheinischen Braunkohle.

Auf einen Blick

- **Alter**
  Unterdevon,
  400 Mio. Jahre
- **Herkunft**
  Eisenerzlagerstätten in unterdevonischen Sandsteinen im Siegerland bei Siegen, Betzdorf
- **Häufigkeit**
  in der Sieg sehr häufig, bei Köln häufig

Sideritsandstein/Spateisenstein

Ein feinkörniger, glimmerreicher Sandstein von rotbrauner bis rostbrauner Farbe, auch gelbbraun und rot, wird gelegentlich von schwarzen Mangankrusten über- oder von Manganadern durchzogen. Ebenso häufig wird er von dicken Milchquarzadern durchzogen, die in kleine Abschnitte zerbrochen sind. Überall im Gestein glitzern winzige, aber deutlich sichtbare Glimmerkristalle. Siderit ist ein karbonatisches Eisenerz $FeCO_3$, das in unterdevonischen Sandsteinen im Siegerland als Bindemittel auftrat. Stellenweise war der Sideritanteil so hoch, dass das Gestein als Eisenerz abgebaut wurde.

Auf einen Blick

> **Alter**
> ?
> **Herkunft**
> Alpen, Schwarzwald, Spessart
> **Häufigkeit**
> sehr selten

Granat-Hornblende-Biotit-Gneis

Die Gneisgerölle sind am Rheinufer außerordentlich selten, es gibt im Einzugsbereich des Rheins nur kleine Vorkommen, deren Bruchstücke auch nur schwer den Weg in den Rhein fanden. Der Gneis ist ein sehr festes, äußerst hartes Gestein mit deutlich erkennbaren, verwitterten Granatkristallen. Das typische lagig-streifige Gneisgefüge, das Gneise sonst aufweisen, ist nur undeutlich zu erkennen.

Auf einen Blick

> **Alter**
> ?
> **Herkunft**
> Taunus, Spessart, Odenwald. Wahrscheinlich nicht alpin wegen zu weiten Transportwegs
> **Häufigkeit**
> sehr selten

Glimmerschiefer

Ebenfalls sehr selten am Rhein ist Glimmerschiefer. Erscheint auf den ersten Blick wie geschichteter Sandstein und enthält deutlich sichtbare helle Glimmerkristalle (Muskovit) in nennenswerter Anzahl. Der Glimmerschiefer ist mittel- bis grobschuppig und zerfällt beim Anschlagen in cm-dicke, meist mm-dicke Platten, auf deren Oberflächen es kräftig glitzert. Er ist nur bedingt verwitterungsresistent und wird deshalb nicht allzu weit transportiert.

Auf einen Blick

- **Alter**
  unterschiedlich, im Saar-Nahe-Gebiet (Region Idar-Oberstein) devonisch-permisch
- **Herkunft**
  Vulkanite des Saar-Nahe-Gebietes
- **Häufigkeit**
  selten

Achat

Achat ist ein gebänderter Chalcedon und bildet sich meist konzentrisch in Hohlräumen (ehemaligen Gasblasen) basischen vulkanischen Gesteins. Die Gasblasen werden vom Achat meist komplett ausgefüllt. Manchmal findet sich innen eine Druse mit Amethystkristallen. Achate bestehen häufig aus feinsten, verschieden gefärbten, konzentrisch-schaligen Schichten. Komplette Achatmandeln in Geröllen sind sehr selten, meist finden sich Bruchstücke. Richtig schön wird der Achat erst im angeschliffenen Zustand.

Auf einen Blick

- **Alter**
  im Saar-Nahe-Gebiet (Region Idar-Oberstein) Perm, Rotliegend, ca. 290 Mio. Jahre
- **Herkunft**
  bspw. die Vulkanite des Saar-Nahe-Gebietes
- **Häufigkeit**
  sehr selten

Jaspis

Ein rotbraun bis weißes, fleckiges, auch gestreiftes Gestein, das ebenfalls aus feinkörnigem Quarz besteht. Jaspis wird öfter mit devonischen roten Eisenkieseln oder Karneolen verwechselt.

Auf einen Blick

- **Alter**
  unterschiedlich
- **Herkunft**
  Buntsandstein (Trierer Becken, Mainfranken)
- **Häufigkeit**
  selten

Karneol

Die meist kantigen und wenig gerundeten Gerölle sind von fleischig orangefarbiger bis rotbrauner Farbe und nicht durchscheinend. Karneol wurde im Boden der Buntsandsedimente als Kruste ausgeschieden, durch Verdunstung aufsteigende Wässer führten Kieselsäure und Eisenlösungen mit sich.

Auf einen Blick

- **Alter**
  Karbon,
  300 Mio. Jahre
- **Herkunft**
  wohl überwiegend Rheinisches Schiefergebirge
- **Häufigkeit**
  sehr häufig

Milchquarz

Milchquarzgerölle gehören zu den häufigsten Funden. Durch ihre leuchtend milchig weiße Farbe, die durch winzige Flüssigkeitseinschlüsse hervorgerufen wird, bestimmen sie das Erscheinungsbild des Rheinufers und der Kiesgruben entscheidend mit. Durch tektonische Vorgänge wie die Anhebung und Verfaltung des Rheinischen Schiefergebirges wurden die dortigen Gesteine zerbrochen und zerklüftet. Durch hohen Druck und hohe Temperatur wurde ein Teil des quarzhaltigen Gesteins in Wasser gelöst (hydrothermal), die Lösungen drangen in die entstandenen Klüfte ein, dort kühlte die Lösung ab, Quarz fiel wieder aus und bildete teils mächtige Quarzbänder, die bis zu 20 Meter dick werden konnten. Oftmals finden sich auf den Quarzgeröllen braune Limonitablagerungen (Eisenoxid). Durch die enorme Festigkeit und Verwitterungsbeständigkeit der Quarzgerölle verwittert der umgebende Sandstein erheblich schneller als der Quarz.

Auf einen Blick

- **Alter**
  Perm (Rotliegendes), Trias (Keuper)
- **Herkunft**
  Nahegebiet, Oberfranken
- **Häufigkeit**
  sehr selten

fossiles Kieselholz, Prototaxiten

Im heißen Klima auf dem Festland löste Wasser im Boden Kieselsäure, die Lösung tränkte umgefallene und ins Sediment eingebettete Bäume, die organische Struktur wurde durch Chalcedon ersetzt. Unter dem Mikroskop, meist im Dünnschliff, ist Zellstruktur zu erkennen. Makroskopisch erscheinen die Hölzer optisch oft als Holzstück da sie verkieselt sind, ist das Material sehr hart.
Kieselhölzer und Holzabdrücke gibt es in den Rotliegend-Schichten im Saar-Nahe-Gebiet und in den Keupersedimenten Ober- und Mittelfrankens. In welche Herkunftsregion die Gerölle einzuordnen sind, lässt sich nicht bestimmen. Kieselholz findet sich überall in den Flussschottern des Rheins, die in den Kiesgruben zugänglich sind.
Fundort des großen Holzes (Volker Faath): Rheinufer bei Worms

Auf einen Blick

- **Alter**
  Karbon,
  300 Mio. Jahre
- **Herkunft**
  wohl überwiegend Rheinisches Schiefergebirge
- **Häufigkeit**
  selten

Milchquarz SiO_2 mit Chlorit

Die typischen, massenhaft vorkommenden Milchquarzgerölle können innen Chlorit enthalten, ein glimmerähnliches grünliches Mineral, das auf Sedimentite und niedriggradige Metamorphite beschränkt ist. Man findet Chlorit beim Aufschlagen der Quarze, sie sind wie Beläge auf dem Quarz und von blassgrüner Farbe.

Auf einen Blick

- **Alter**
  ? Devon; als Geröll aufgearbeiteter Hauptterrassenschotter
- **Herkunft**
  Rheinisches Schiefergebirge
- **Häufigkeit**
  selten

Limonit (Brauneisenerz) FeOOH

Selten finden sich am Rhein rostig braune Sandsteingerölle, die durch dunkelbraunen Limonit eingefärbt worden sind. Sie weisen häufiger einen ockergelben Kernbereich auf, um den herum ein brauner Gürtel liegt. Das ehemalige eisenkarbonatische Bindemittel wurde während des Verwitterungsprozesses durch Limonit (Eisenhydroxid) ersetzt. Im hellen Kernbereich ist das Bindemittel ganz verloren gegangen, das Material ist bröckelig und mürbe und fällt evtl. gar heraus. Limonit ist das häufigste Eisenmineral in unserer Klimazone; so ziemlich alles, was in der Erde braun gefärbt ist, ist Limonit.

Auf einen Blick

- **Alter**
  Karbon 300 Millionen Jahre
- **Herkunft**
  Wohl überwiegend Rheinisches Schiefergebirge
- **Häufigkeit**
  selten

Bergkristall

Klare, durchsichtige Quarzkristalle, die sich schön auskristallisiert gelegentlich in den zahlreichen Milchquarzgeröllen finden. Die Kristalle sind stängelig und, wenn gut ausgebildet, mit deutlich sichtbaren Kristallflächen, die leicht streifig erscheinen.

Stuttgart
Donau
DEUTSCHLAND
Isar
Donau
Lech
München
Inn
Ammersee
Starnberger See
Chiemsee
Iller
Kempten
Bodensee
Nördliche Kalkalpen
Mittenwald
Grauwackenzone
Rhein
Inn
Innsbruck
LIECHTENSTEIN
ÖSTERREICH
Hohe Tauer
Zillertaler Alpen
Zentralalpen
Silvretta
Chur
Ötztaler Alpen
SCHWEIZ
Engadiner Alpen
Sankt Moritz
Bozen
Dolomiten
Adda
Comer See
Etsch
Gardasee
Mailand
ITALIEN

Woher kommen die Kieselsteine in den Alpen?

Die Schotterbänke der oberbayerischen und oberschwäbischen Alpenflüsse enthalten neben den von den Flüssen aus dem Gebirge und dem Vorland antransportierten Geröllen auch die Gesteinsfracht der Gletscher der letzten, der Würmeiszeit (vor ca. 130000–10000 Jahren), sowie älteres Material mindel- und risseiszeitlicher Gletscher (ca. 400000–130000 Jahre).

Herkunft: Die steinige Fracht der Gletscher

Während der Eiszeiten waren die Alpen mit einem mächtigen Eisstromnetz erfüllt. Die Gletschervorstöße reichten bis weit ins Alpenvorland. Sie strömten durch die Haupttäler nach Norden und bildeten nach Verlassen des Gebirges breite, fächerförmige Vorlandgletscher. Diese Eismassen nahmen auf ihrem langen Weg riesige Mengen von Gesteinsmaterial auf. Sie lagerten es an der Gletschersohle oder in Form von Moränenwällen ab. Dieses Moränenmaterial wurde in großem Umfang von Schmelzwasserströmen weitertransportiert und teilweise in weitflächigen, ausgedehnten Schotterfeldern wieder abgelagert. Die Fließgeschwindigkeit z. B. des Inngletschers wird einige Dezimeter pro Tag betragen haben. Die Herkunft mancher charakteristischer Steine, sogenannter Leitgeschiebe, die aus den Moränen stammen, kann aufgrund der glazialen Herkunft bis ins Oberengadin verfolgt werden Der Juliergranit aus der Gegend von Sankt Moritz kam pro Jahr ca. 100 Meter weiter, und benötigte für die bei seiner Reise zurückgelegte Strecke von ca. 300 Kilometer vermutlich um die 3000 Jahre.
Die Skizze zeigt die Endmoränenzüge der maximalen Ausdehnung der Gletscherzungen in der Würmeiszeit (blau) und der Risseiszeit (braun) sowie angedeutet den Transportweg des Moränenmateriales.

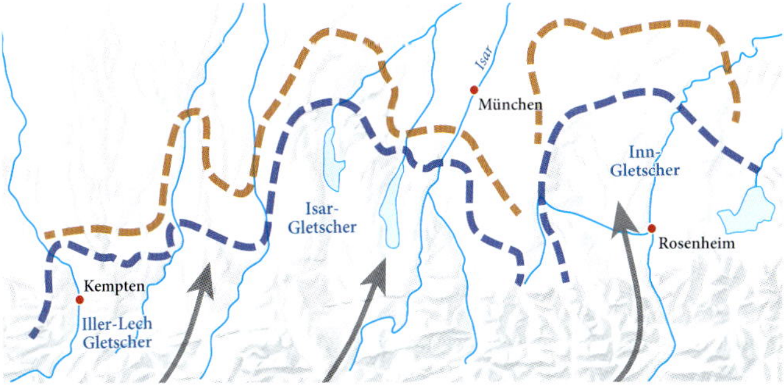

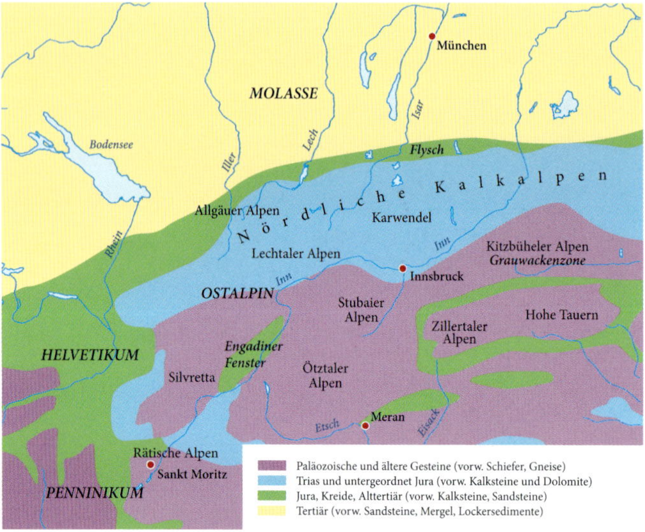

Geologie: Die Bauelemente eines Gebirgszugs
Der Gebirgsabschnitt, dem die Fundstücke dieses Kapitels entstammen, besteht im wesentlichen aus der tektonischen Hauptdecke des Ostalpin. Zudem treffen wir auch auf Steine zweier anderer Deckensysteme: des Helvetikum und des Penninikum. Diese mächtigen Einheiten repräsentieren ehemals räumlich getrennte geographische Bereiche. Im Laufe der Gebirgsbildung wurden diese gigantischen Gesteinspakete, die sich vorwiegend aus Sedimentmaterial in diesen Ablagerungsräumen gebildet hatten, sehr stark zusammengeschoben und übereinander gestapelt. Ursache hierfür war die langsame Kollision der afrikanischen mit der eurasischen Kontinentalplatte. Die paläogeografische Einheit des Helvetikums am Nordrand des Urmeeres Tethys, im Bereich der europäischen Platte, kam nach dem Zusammenschub der Kontinente ganz unten zu liegen. Die jetzt zuoberst auflagernde Decke des Ostalpin lag ehemals am weitesten im Süden, der afrikanischen Kontinentalplatte vorgelagert. Dazwischen findet sich das Penninikum, ein ehedem teilweise auch ozeanischer Bereich, der sich in der Jurazeit im Zusammenhang mit der Entstehung des Zentralatlanik bildete, und der im Laufe der Gebirgsbildung wieder zusammengeschoben wurde. Unsere häufigsten

Gesteinsfunde sind vorwiegend Kalk- und Dolomitsteine aus der Triaszeit. Sie stammen aus den Nördlichen Kalkalpen, die zum Ostalpin gehören. Zum Ostalpin gehören aber auch die bereits im Erdaltertum entstandenen metamorphen Gesteine der Ötztaler Alpen und des Silvretta. Es handelt sich dabei vorwiegend um Gneise und kristalline Schiefer, wie wir Sie teilweise reichlich in unserem Fundgebiet antreffen können.
Die Helvetikumzone trägt im betrachteten Gebiet meist nur wenig zur Gesteinsfracht der Flüsse bei. Charakteristisch für Funde aus diesem Gebiet sind die Nummulitenkalke mit ihren scheibchenförmigen Fossileinschlüssen. Das Penninikum enthält unter anderem Gesteinsvorkommen, die auf ehemaligen Ozeanboden hinweisen. Dies sind z.B. die leicht erkennbaren grünen Serpentinite und Metabasalte aber auch die Sand- und Kalksteine der Flyschzone. Durch die Abtragung der ostalpinen Gesteinsdecke im Bereich der Tauern und im Unterengadin kommen dort die Gesteine des darunter liegenden penninischen Deckensystems und im Tauernkern des Helvetikums nach oben. Dieses Gesteinsmaterial wurde so der Verwitterung ausgesetzt und konnte weitertransportiert werden. Das Molassebecken (hellgelb) ist seit dem Tertiär Sedimentationsraum für das Verwitterungsmaterial des sich erhebenden Gebirges.

Alpenkiesel sammeln und bestimmen

Im folgenden Kapitel werden eine Auswahl an Steinen von Isar, Iller, Lech und Inn und ihrer Einzugsgebiete vorgestellt. Das Gesteinsinventar der Flüsse beinhaltet Fundstücke vorwiegend aus den Nördlichen Kalkalpen, aber auch aus den Zentralalpen und aus der nördlichen Voralpenzone.

Die Bestimmung einer größeren Anzahl charakteristischer Gerölle ist relativ einfach. Eine sichere stratigraphische Zuordnung vieler Flusskiesel ist aber nicht immer eindeutig durchzuführen. Der Grund dafür ist, dass zu unterschiedlichen Zeiten ähnliche Ablagerungs- bzw. Bildungsbedingungen vorherrschten, die zur Bildung sehr ähnlicher Gesteine geführt haben.

Den Beschreibungen sind meist die Formationsnamen mitgegeben. Sie beziehen sich immer auf eine typische Lokalität – z.B. Reichenhaller Schichten, Raibler Schichten etc. – Dies bedeutet aber nicht, dass die Gesteine nur an dieser Örtlichkeit vorkommen! Die Häufigkeitsangaben beziehen sich auf Schotterbänke im Raum München; an anderen Stellen der Isar, sowie an Lech, Iller, Inn können diese abweichen.

Auf einen Blick

- **Alter**
  245–241 Millionen Jahre
- **Herkunft**
  Nördl. Kalkalpen, (z. B. Alpiner Muschelkalk)
- **Häufigkeit**
  häufig

Schwarzer Kalkstein

Es sind dunkelgraue, fast schwarze Kalksteine, die oft mit weißen Kalzitadern durchsetzt sind. In der mittleren Triaszeit, zur Zeit der Ablagerung des „Alpinen Muschelkalks", begann das Tethys-Meer in den Bereich der späteren Nördlichen Kalkalpen vorzudringen. Es kam erstmalig zur Ablagerung von Kalkschlämmen. Die dunkelgraue bis schwarze Färbung ist durch geringe bitumöse Beimengungen bedingt. Schwarze Kalksteine sind im „Alpinen Muschelkalk" aber auch in anderen Schichtgliedern der Kalkalpen anzutreffen, wie z. B. im unteren Abschnitt des Wettersteinkalks oder im obertriassischen Plattenkalk. Weite Verbreitung z. B. im Karwendel, im Wettersteingebirge sowie in den Oberbayerischen Voralpen.

Auf einen Blick

- **Alter**
  ca. 240–225 Millionen Jahre
- **Herkunft**
  Nördl. Kalkalpen (z. B. Wettersteinkalk)
- **Häufigkeit**
  sehr häufig

Grauer Kalkstein

Bei diesen massenhaft auftretenden Karbonatgesteinen herrschen Grautöne von fast Weiß bis Dunkelgrau in allen Abstufungen vor. Der größte Anteil an der Geröllfracht der oberbayerischen Alpenflüsse besteht aus kalkigen oder dolomitischen Sedimentgesteinen der mittleren bis oberen Triaszeit. Es sind vorwiegend im tropischen Flachwasser eines westwärts gerichteten Ausläufers des Urmeers Tethys gebildete karbonatische Meeresablagerungen, die nun als „grauer Alpenkalk" vorliegen. Der meist hellgraue Wettersteinkalk und -dolomit z. B. ist verbreitet am Aufbau der Nördlichen Kalkalpen beteiligt. Aber auch weitere trias-, jura- und kreidezeitliche Kalkgesteine tragen mehr oder weniger zur „grauen" Flussfracht bei.

Auf einen Blick

- **Alter**
  ca. 240–225 Millionen Jahre
- **Herkunft**
  Nördl. Kalkalpen (Wettersteinkalk)
- **Häufigkeit**
  gelegentlich

Riffkalk

Massiger, bräunlich grauer Kalkstein. Charakteristisch sind mit Calcit gefüllte ehemalige Hohlräume unterschiedlichster Form oder in Bändern angeordnete stängelige oder faserige Calcitkristalle. Diese sog. Grossooide sind rundliche, konzentrisch oder radialstrahlig mit Calcit gefüllte Hohlräume mit bis zu einigen cm Durchmesser.
Es handelt sich um Zeugen ehemaliger Barrieren und Atolle eines flachen Meers im tropischen Klimabereich. Hauptriffbildner im Wettersteinkalk waren Kalkschwämme und Mikroorganismen. Die langsame Absenkung des Meeresbodens bedingte den Aufwuchs der Riffe bis zu einer Mächtigkeit von teilweise über 1 km.
Herkunft z. B. Kaisergebirge, Wettersteingebirge, Karwendel, Mieminger Berge.

Auf einen Blick

- **Alter**
  ca. 238–225 Millionen Jahre
- **Herkunft**
  Nördl. Kalkalpen (Wettersteinkalk)
- **Häufigkeit**
  gelegentlich

Dasycladaceenkalk

Das Kalkgestein ist grauweiß bis hellgrau mit fleckigem Erscheinungsbild.
Die charakteristischen Dasycladaceen (= Wirtelalgen) können massenhaft in den geschichteten Lagunenablagerungen des Wettersteinkalks auftreten. Es sind zierliche, wirtelartige Röhrchen von Algenskelettelementen. Wirtelalgen sind auch heutzutage im flachmarinen tropischen bis subtropischen, vor Wellen geschützten Lebensraum, in Lagunen mit nur wenige Meter tiefem Wasser weit verbreitet. Meist wurden diese Röhrchen nachträglich durch Umwandlungsvorgänge im Zusammenhang mit der Gesteinswerdung ausgelöscht, selten sind sie aber in erstaunlich gutem Zustand anzutreffen.
Herkunft z. B. Wettersteingebirge, Karwendel.

Auf einen Blick

- **> Alter**
  ca. 221–218 Millionen Jahre
- **> Herkunft**
  Nördl. Kalkalpen (z. B. Raibler Schichten)
- **> Häufigkeit**
  gelegentlich

Rauhwacke

Das Grundgerüst des brekziösen, innerlich zerbrochen wirkenden Steins besteht aus Kalk oder Dolomit. Die Hohlräume waren wohl vorwiegend mit Gips gefüllt, der durch Verwitterungsvorgänge oft ausgelaugt wurde.
Entstehung des Gesteins im lagunären Bereich und vom Meer abgeschlossenen Wasserbecken mit Inseln, die über den Meeresspiegel herausragten. Bei starker Verdunstung konnte es zur Ausfällung von Gips (Calciumsulfat) aus dem Meerwasser kommen. Das Gestein findet sich an diversen Vorkommen in den Kalkalpen innerhalb der Raibler Schichten (Obere Trias) oder der Reichenhaller Schichten (Mittlere Trias). Gips der Raibler Schichten wurde in früherer Zeit an mehreren Lokalitäten zu Düngezwecken abgebaut.

Auf einen Blick

- **> Alter**
  ca. 220 Millionen Jahre
- **> Herkunft**
  Nördl. Kalkalpen (z. B. Raibler Schichten)
- **> Häufigkeit**
  gelegentlich

Onkolith

Meist dunkle Kalksteine mit charakteristischen Algenbällchen.
Die Bezeichnung Onkolith kommt vom griechischen onkos: Geschwulst oder Haufe. Der Stein kann fast vollständig aus runden, kugelförmig bis unregelmäßig geformten Algenstrukturen (Onkoide) mit konzentrischer Lamellenstruktur bestehen. Diese Knöllchen haben immer einen Kern, z. B. ein kleines Schalenbruchstückchen. Entstehung im bewegten Flachwasser, vorwiegend zur Zeit der Oberen Trias (Raibler Schichten).
Der Sphaerocodienkalk, benannt nach der Alge Sphaerocodium, ist ein Glied der verbreiteten Schichtserie der Raibler Schichten. Das Geröll ist in allen oberbayerischen Flüssen, wenn auch nicht häufig, so doch auch nicht ganz selten zu finden.

Auf einen Blick

> **Alter**
ca. 235–207 Millionen Jahre
> **Herkunft**
Nördl. Kalkalpen (z. B. Wettersteinformation, Hauptdolomitformation)
> **Häufigkeit**
häufig

Stromatolith

Meist sehr heller, weißlich bis blassbräunlicher Kalk- oder Dolomitstein mit feinlaminarem Erscheinungsbild.
Das Gestein besteht überwiegend aus zahllosen feinsten, gekräuselten Algenlagen. Dies sind Bildungen, wie sie typischerweise im subtropischen Wattenmeer, im Ebbeflutbereich an der Riffrückseite, entstehen. Die Lamination aus hellen, karbonatreicheren und dunkleren, an organischer Substanz reicheren Lagen ist wohl auf jahreszeitlich wechselnde Sedimentation zurückzuführen.
Im Herkunftsgebiet, den Nördlichen Kalkalpen in der mitteltriassischen Wettersteinformation und der obertriassischen Hauptdolomitformation, sind diese, auch Stromatolithe oder Rhytmitite genannten Gesteine weit verbreitet.

Auf einen Blick

> **Alter**
ca. 218–206 Millionen Jahre
> **Herkunft**
Nördl. Kalkalpen (Hauptdolomit)
> **Häufigkeit**
sehr häufig

Dolomit

Der meist hellgraue bis bräunliche Stein zeigt aufgrund seiner Sprödigkeit und starken Zerklüftung charakteristische, eckige Ausbrüche an der Oberfläche. Unter einer sehr hohen Verdunstungsrate in einem extrem flachen Meeresbereich konnte sich ein hohes Magnesium-Calzium-Verhältnis einstellen; es bildete sich Dolomit anstelle von Kalk. Im Laufe von ca. 10 Millionen Jahren entstand eine Dolomitserie von über 1000 m Mächtigkeit (entspricht ca. 0,1 mm/Jahr). Hauptdolomit ist das am weitesten verbreitete Gestein der nördlichen Kalkalpen (siehe den Hauptkamm der Allgäuer Alpen, weiter nach Osten z. B. Kramer, Schinder, Herzogstand, Hochfelln). Dolomite treten auch in anderen karbonatisch geprägten Formationen auf.

Auf einen Blick

- **Alter**
  ca. 205–200 Millionen Jahre
- **Herkunft**
  Nördl. Kalkalpen (Kössener Schichten)
- **Häufigkeit**
  gelegentlich

Schillkalk

Dunkle, hellgrau bis gelblich verwitternde Kalke mit außerordentlich vielen Fossilien. Es handelt sich vorwiegend um zusammengeschwemmte Schilllagen, also Schalenreste, von Muscheln und Brachiopoden (Brachiopoden, Armfüßer, sind muschelähnliche, zweiklappige, sesshafte Meeresbewohner).
Entstehung in gut durchlüftetem, bewegtem Wasser eines seichten Meeresbeckens zwischen dem Riffbereich zur Zeit der obersten Trias.
Die vorwiegend tonigen bis kalkigen, wasserstauenden Kössener Schichten verursachen in den Nördlichen Kalkalpen, aufgrund ihrer leichten Verwitterbarkeit flache Hänge, Talsenken und fruchtbares Almweideland und bilden einen landschaftlichen Kontrast zum umgebenden felsigen Gebirge.

Auf einen Blick

- **Alter**
  ca. 200 Millionen Jahre
- **Herkunft**
  Nördl. Kalkalpen (Kössener Schichten, Oberraetkalk)
- **Häufigkeit**
  gelegentlich

Korallenkalk

Meist hellgraue bis fast weiße, machmal rötliche Kalksteine mit auffälligen runden bis länglichen, meist weißen Einschlüssen.
In der obersten Triaszeit bildeten sich Korallenriffe aus, die sich über das Flachmeer erhoben.
Diese Riffkalksteine enthalten häufig Korallenstöcke oder Korallenschutt, meist der Gattung Thecosmilia. Deshalb heißt das Gestein auch Thecosmilienkalk oder, nach der jüngsten Stufe der Triaszeit, Oberrätkalk.
Die Riffe der obersten Trias sind wegen ihrer Härte und der massigen Ausbildung ihrer schönen Felsfomen beliebte Kletterberge, deren Namen bezeichnenderweise häufig auf „-stein“ enden. Beispiele sind Ross- und Buchstein, Leonhardstein, Spitzstein etc.

Fleckenkalk

Auf einen Blick

- **Alter**
  ca. 200–158 Millionen Jahre
- **Herkunft**
  Nördl. Kalkalpen (Allgäuschichten)
- **Häufigkeit**
  häufig

Der gelblich bis bräunlich graue Kalk oder Mergelstein (ein Kalk-Tonmischgestein), ist von runden bis länglichen dunkleren Flecken durchsetzt.
Dieses Gestein ist in relativ tiefen Meeresbeckenbereichen in der Unteren und Mittleren Jurazeit (Lias und Dogger) entstanden. Die Flecken, die oft fast wie Tintenflecken aussehen, sind Ausscheidungsspuren in Bohrgängen, Wohn- und Fressbauten von Würmern, die im Schlamm des ehemaligen Meeresbodens gelebt haben.
Die auch als Allgäuschichten bezeichneten Gesteine sind im Allgäu weit verbreitet, kommen aber auch in den östlicher gelegenen Abschnitten der Kalkalpen vor. Sie sind aufgrund ihres Tongehalts öfter Grundlage für fruchtbare Almböden.

Roter Jurakalk

Auf einen Blick

- **Alter**
  ca. 195–175 Millionen Jahre
- **Herkunft**
  Nördl. Kalkalpen (z. B. Adneter Kalk)
- **Häufigkeit**
  häufig

Es sind meist farbkräftige, rote bis rötliche Kalke. Sie können knollig, flasrig oder marmoriert, teilweise stark klüftig und von weißen Kalzitadern durchzogen sein. Manchmal sind sie fossilreich.
Die roten Jurakalke sind vorwiegend flachmeerische Bildungen der Schwellenbereiche eines kleinräumig aufgeteilten Meeresbeckens der unteren Jurazeit (Lias). Die satte Rotfärbung könnte auch auf den Eisengehalt festländischer Einschwemmungen zurückzuführen sein.
Die charakteristischen „roten Marmore“ wurden oft als Werk- und Dekorsteine genutzt, bekannt ist z. B. der Adneter Marmor. Vorkommen und ehemalige Steinbrüche sind vielerorts im Kalkalpenraum anzutreffen, z. B. am Aggenstein, bei Ettal, am Tegernsee usw.

Auf einen Blick

- **Alter**
  ca. 195–175 Millionen Jahre
- **Herkunft**
  Nördl. Kalkalpen (Vilser Kalk, Hierlatzkalk)
- **Häufigkeit**
  gelegentlich

Echinodermenspatkalk

Es ist ein meist roter bis rötlicher Kalkstein. Er besteht vorwiegend aus Fossilschutt, den Bruchstücken von Seeigel- oder Seelilienskelettteilchen. Auffällig sind insbesondere die scheibchenförmigen weißen Einschlüsse mit dunklem Loch in der Mitte, den Seelilienstielgliedern.
Seelilien (Crinoiden) sind meeresbewohnende, meist festsitzende Tiere. Ihre Skelettelemente bestehen aus Kalkspat. Nach dem Tod der Tiere wurden sie an manchen Stellen zusammengeschwemmt und wurden Ausgangsmaterial für die Bildung von Crinoidenkalken.
Das unterjurazeitliche Gestein wurde ehemals u. a. bei Mittenwald abgebaut und aufgrund seiner guten Polierbarkeit unter dem Namen „Mittenwalder Marmor" in den Handel gebracht.

Auf einen Blick

- **Alter**
  ca. 155–135 Millionen Jahre
- **Herkunft**
  Nördl. Kalkalpen (Aptychenschichten)
- **Häufigkeit**
  häufig

Aptychenkalk

Es sind mattrote bis weinrote, sehr feinkörnige Kalke bzw. Mergel. Häufig sind sie mit grauen bis graugrünen, gefleckten bis schlierigen Bereichen durchsetzt. Manchmal sind Hornsteineinschlüsse enthalten.
Das im Gebirge meist hellgraue bis gelbliche, manchmal rote, oberjura- bis unterkreidezeitliche Gestein bildete sich aus uferfernen Ablagerungen der Tiefsee. Aptychen sind wohl Mündungsdeckel bzw. Unterkieferelemente von Ammoniten, die der Kalklösung im Tiefseebereich widerstehen konnten.
In der westlichen Nordrandzone der Kalkalpen sind die Gesteinsschichten in Mächtigkeiten von bis zu 100 Meter anzutreffen. Am Achensee erreichen sie eine maximale Mächtigkeit von bis zu einem Kilometer.

Auf einen Blick

- **Alter**
  ca. 240 oder 180–145 Millionen Jahre
- **Herkunft**
  Nördl. Kalkalpen (Ammergauer Schichten, Alpiner Muschelkalk)
- **Häufigkeit**
  häufig

Hornsteinkalk

Dunkle Hornsteinlagen, meist schwarz, öfter aber auch rot, sind in Kalkstein eingelagert. Die Konkretionen sind knollenförmig, gebändert oder linsig ausgebildet und zeigen aufgrund ihrer hohen Härte und Sprödigkeit meist muschelige Bruchflächen mit mattem, glasartigem Glanz, der an Hörner von Rindern erinnert.
Das Material, Chalcedon, eine Quarzvarietät, stammt vorwiegend von Skelettnadeln von Kieselschwämmen. Durch Stoffwanderungsvorgänge und örtlich begrenzte Ausfällung vor der Gesteinswerdung bildeten sich diese Einlagerungen in Form von Platten oder Knollen. Das Gestein kommt in den oberjura- bis unterkreidezeitlichen Ammergauer Schichten, aber auch im mitteltriassischen alpinen Muschelkalk vor.

Auf einen Blick

- **Alter**
  ca. 160–155 Millionen Jahre
- **Herkunft**
  Nördl. Kalkalpen (Ruhpoldinger Radiolarit)
- **Häufigkeit**
  häufig

Radiolarit

Der Stein ist meist braunrot bis rot, es können aber auch schwarze und grünliche Variationen auftreten. Aufgrund hoher Sprödigkeit und Härte ist er meist kantig und stark zerbrochen. Oft ist er mit von weißem Kalkspat gefüllten Klüften durchzogen.
Der mittel- bis oberjurassische Radiolarit besteht fast ausschließlich aus amorphem Quarz (Kieselsäure-anhydrid) und ist damit im wahren Sinn des Wortes ein Kieselstein!
Das Material dieses Tiefseesediments stammt aus dem „Skelett“ von sehr kleinen planktonischen Einzellern, den sog. Radiolarien, die im Meer massenhaft auftreten können.
Wegen seines scharfkantigen Bruchs wurde er in der Steinzeit auch als Schneide- und Schabewerkzeug genutzt.

Auf einen Blick

- **Alter**
  ca. 97–65 Millionen Jahre
- **Herkunft**
  Vorberge, Flyschzone
- **Häufigkeit**
  häufig

Schlammkalk

Der Kalk- bzw. Mergelstein (Gemisch aus Kalk und Ton) ist oberflächlich meist gelb-beige-braun angewittert. Die gelbe Färbung beruht auf dem Eisengehalt im Tonanteil des Steins. Im Innern hat das feinstkörnige, homogene Gestein meist eine mattgraue Farbe.
Charakteristisch sind die vielen geraden schwarzen Linien, die das Gestein in alle Richtungen durchziehen. Es sind Kluftflächen, deren Dunkelfärbung auf Eisen- bzw. Manganoxide zurückzuführen ist. Das Gestein hat sich aus den Ablagerungen von feinstem Kalkschlamm in einer Tiefseerinne gebildet. Dieses Tiefseebecken erstreckte sich von der Kreidezeit bis ins Alttertiär weit in West-Ost-Richtung ausgedehnt nördlich des ehemaligen Kalkalpenbeckens.

Auf einen Blick

- **Alter**
  ca. 55–45 Millionen Jahre
- **Herkunft**
  Vorberge, Helvetikumzone
- **Häufigkeit**
  gelegentlich

Lithothamnienkalk

Das meist beige-gelbe, manchmal auch weiß anzutreffende Gestein besteht fast ausschließlich aus organischem Material. Neben Bruchstücken von Lithothamnien, das sind Rotalgen mit feinster, gitterartiger Zellstruktur, sind große Einzeller wie z. B. Nummuliten, Discocyclinen sowie diverse andere Kleinstfossilien und Fossilbruchstücke erkennbar. Der Bildungsraum war ein Schelfmeer am ehemaligen Südrand des europäischen Kontinents.
Grobkörnigere Varietäten des alttertiären Gesteins wurden wegen ihres Erscheinungsbilds als Granitmarmor bezeichnet. Eine gesteinskundlich unsinnige Bezeichnung, es ist weder Granit noch Marmor. Auf den alten Münchner Friedhöfen ist er manchmal noch als Grabstein anzutreffen.

Auf einen Blick

- **Alter**
  ca. 55–45 Millionen Jahre
- **Herkunft**
  Vorberge, Helvetikumzone
- **Häufigkeit**
  gelegentlich

Nummulitenkalk

Es ist ein meist roter bis bräunlicher, fossilreicher Kalk- oder Kalksandstein. Charakteristisch sind die weißen, linsenförmigen bis rundlichen Anschnitte der Fossileinschlüsse auf der Steinoberfläche.
Es sind die kalkigen Gehäusestrukturen von bis zu einige Zentimeter großen, meeresbodenbewohnenden Einzellern, den Foraminiferen. Ihre scheibenartige Form erinnert an kleine Münzen, lat. nummulus, daher der Name Nummuliten, Münzsteine.
Die meist alttertiären Nummulitenschichten gehören der in Schwaben weitverbreiteten, nach Osten hin nur noch ein schmales Band bildenden Helvetikumzone an.
Das Gestein wurde in der Vergangenheit unter dem Namen Enzenauer Marmor öfter für Denkmäler etc. verwendet.

Auf einen Blick

- **Alter**
  ca. 12000 Jahre bis heute
- **Herkunft**
  Alpenvorland
- **Häufigkeit**
  gelegentlich

Kalktuff

Es ist ein leichter, sehr poröser, heller Kalk, bestehend aus von Kalksinter umschlossenem Pflanzenmaterial. Häufig sind die Blattformen, Stängel etc. noch gut erkennbar.
Kalktuff, auch Quelltuff genannt, entsteht durch den Entzug von Kohlensäure aus an die Oberfläche austretenden kalziumkarbonatreichen Grundwässern und der damit einhergehenden Ausfällung von kohlensaurem Kalk unter Mithilfe von diversen Mikroorganismen in fließendem Wasser.
Der sehr junge, quartärzeitliche Kalktuff hatte aufgrund seiner leichten Bearbeitbarkeit als Werkstein schon seit der Antike einige Bedeutung.
Römerzeitliche Bausteine in Kempten sowie viele Kirchen und Bauernhöfe im Voralpenland legen davon Zeugnis ab.

Auf einen Blick

- **Alter**
  250–245 Millionen Jahre
- **Herkunft**
  Nördl. Kalkalpen
- **Häufigkeit**
  gelegentlich

Alpiner Buntsandstein

Der alpine Buntsandstein, besser wäre die Bezeichnung Rotsandstein, besteht vorwiegend aus Quarzkörnern. Die charakteristische Rotfärbung ist zurückzuführen auf Eisenoxid- bzw Eisenhydroxidkrusten um die sowie im Bindemittel zwischen den Quarzkörnern. Das Gefügebild ist meist homogen gleichförmig. Es können manchmal weiße Feldspatbruchstücke angereichert sein. Auch gebänderte oder gestreifte Exemplare sind anzutreffen. Der im oberen Perm bis in die untere Trias abgelagerte Sandstein ist im Fundgebiet der älteste Vertreter aus der Gesteinsabfolge der Nördlichen Kalkalpen. Herkunft der Steine vorwiegend aus der südlichen Begrenzung der Nördl. Kalkalpen im Inntal, an deren Nordrand gibt es nur seltene Vorkommen.

Auf einen Blick

- **Alter**
  ca. 221–218 Millionen Jahre
- **Herkunft**
  Nördliche Kalkalpen (Raibler Schichten)
- **Häufigkeit**
  gelegentlich

Raibler Sandstein

Es ist ein bräunlich anwitternder, quarzreicher Sandstein. Weiterhin sind helle, verschieden große Feldspatbruchstücke sowie evtl. grünliche Glaukonitkörner und schwarze Pflanzenreste von Farnen enthalten.
Die Ablagerung von Sand im mittleren Teil der oberen Trias beruhte auf der Zufuhr von Verwitterungsmaterial eines nahen Festlands, das in einem Flachmeer abgelagert wurde. In diesem Zeitabschnitt kam es vorübergehend zum Erliegen der ansonsten vorherrschenden Karbonatbildung im Sedimentationsraum der Nördlichen Kalkalpen.
Die tonig-sandig dominierte Raibl-Formation ist oft Grundlage der grünen Verebnungsflächen und Almen im Felsengebirge von z. B. Wetterstein, Karwendel und Tannheimer Bergen.

Flyschsandstein

Auf einen Blick

- **Alter**
  ca. 130–50 Millionen Jahre
- **Herkunft**
  Vorberge, Flyschzone
- **Häufigkeit**
  häufig

Es ist ein grünlich grauer Fein- bis Grobsandstein, der durch oberflächliche Anwitterung Brauntöne annehmen kann. Die grünliche Färbung ist bedingt durch das Mineral Glaukonit.
Der Stein ist oft sehr hart und spröde, man findet darum häufig kantig zerbrochene Stücke. Es sind z. T. Quarzite, die fast ausschließlich aus Siliziumdioxid bestehen.
Manchmal erkennt man rutschungsbedingte Sedimentstrukturen wie z. B. Kleinfältelung.

Grauwacke

Auf einen Blick

- **Alter**
  ca. 95–90 Millionen Jahre
- **Herkunft**
  Vorberge, Flyschzone
- **Häufigkeit**
  häufig

Es ist ein fein- bis grobsandiges, teilweise auch brekziöses oder konglomeratisches Gestein, das reich an Quarz, Glimmer und unterschiedlichen Gesteinsbruchstücken ist.
Der typische Reiselsberger Sandstein ist darum eine glimmerreiche, feldspatarme Quarzgrauwacke.
Diese oberkreidezeitlichen Gesteine sind aus untermeerischen Sedimentlawinen, suspensionsartigen Gemischen aus Wasser und Gesteinspartikeln, entstanden.

Grünsandstein

Auf einen Blick

- **Alter**
  ca. 110–100 Millionen Jahre oder 60–50 Millionen Jahre
- **Herkunft**
  Vorberge, Helvetikumzone
- **Häufigkeit**
  gelegentlich

Es sind dunkelgrüne bis grau-grüne Quarzsandsteine und Quarzgrauwacken.
Die grüne Färbung beruht auf Glaukonit, einem Mineral, das sich im Flachwasser bildet.
Das sehr harte, kreidezeitliche oder alttertiäre Gestein wurde örtlich zu Schleifsteinen, Bahnschotter oder bei sehr hohem Glaukonitanteil zu grünem Farbpigment verarbeitet.
Eine gewisse Verwechslungsgefahr besteht mit den ähnlichen Sandsteinen der Flyschzone.

Auf einen Blick

- **Alter**
  ab ca. 240 Millionen Jahre
- **Herkunft**
  Nördliche Kalkalpen
- **Häufigkeit**
  gelegentlich

Brekzie

Es ist ein Gestein, bestehend aus eckigen Bruchstücken anderer, älterer Gesteine. Die jüngere, meist weiße bis graue, manchmal auch rote Zwickelfüllung besteht überwiegend aus Kalk.
Es können entweder nur Komponenten aus dem Kalkalpin der nächsten Umgebung oder aber auch von weiter her herangeschaffte „exotische“ Gesteinsfragmente enthalten sein.
Brekzien sind zu unterschiedlichen Zeiten entstanden. Es sind Zeugen zusammenbrechender Steilküsten, deren Steinlawinen sich als submarine Rutschmassen und Schuttfächer ablagerten und mit Kalkschlamm zementiert wurden. Vermehrte Brekzienbildung, wie z. B. zu Beginn des Jura oder in der Oberkreidezeit, weist auf Zeiten verstärkter tektonischer Aktivität hin.

Auf einen Blick

- **Alter**
  ab ca. 30 Millionen Jahre
- **Herkunft**
  Molasse, Quartärbedeckung des Alpenvorlandes
- **Häufigkeit**
  gelegentlich

Konglomerat (Nagelfluh)

Es ist ein verfestigter Schotter, dessen Geröllkomponenten deutlich zugerundet sind. Das Bindemittel ist aus Grundwässern ausgefällter Kalk.
Der Name Nagelfluh ist zusammengesetzt aus Fluh (= Fels) und den wohl an Nagelköpfe erinnernden Geröllen.
Tertiäre Konglomerate kommen in der Molassezone vor, im Allgäu bilden sie die mächtige Nagelfluhkette mit Gipfeln wie Hochgrat (1834 m) und Rindalphorn (1821 m).
Die quartären Konglomerate sind verfestigte Schotter, die zeitlich vorwiegend der Risszeit oder früheren Eiszeiten zugeordnet werden.
Das Gestein wurde häufig als Baustoff verwendet.
Es kann leicht mit Beton verwechselt werden, besonders dann, wenn als Zuschlagsstoff einheimischer Schotter eingesetzt wurde.

Auf einen Blick

- **Alter**
  unbekannt
- **Herkunft**
  Zentralalpen, weit verbreitet
- **Häufigkeit**
  gelegentlich

Quarz

Die weißlich trübe Färbung des auch als Milchquarz bezeichneten Gerölls ist durch winzigste Flüssigkeitseinschlüsse bedingt. Hauptbestandteil ist Siliziumdioxid, als Nebengemengeteil tritt manchmal Glimmer auf. Aufgrund der Sprödigkeit des Materials ist er oft nur schlecht gerundet.
Quarz ist in Form von linsenförmigen bis plattigen Körpern und als Kluftfüllung vorwiegend in Schiefern und Gneisen weit verbreitet.

Auf einen Blick

- **Alter**
  ca. > 300 Millionen Jahre
- **Herkunft**
  Ötztaler Alpen, Silvretta, Hohe Tauern
- **Häufigkeit**
  häufig

Gneis

Der helle, körnige Gneis zeigt oft eine durch parallel ausgerichtete Glimmer bedingte, deutliche Schieferung.
Diese vorwiegend aus Feldspäten, Quarz und Glimmer bestehende Gesteinsart ist in den Zentralalpen weit verbreitet.
Die zum Teil sehr alten, proterozoischen Ausgangsgesteine, z. B. Grauwacken und Granite, wurden in verschiedenen Gebirgsbildungsphasen durch Gesteinsmetamorphose in Gneise umgewandelt.

Auf einen Blick

- **Alter**
  ca. 300 Millionen Jahre
- **Herkunft**
  Oberengadin
- **Häufigkeit**
  gelegentlich

Juliergranit

Dieser Granit hat ein mittel- bis grobkörniges, richtungsloses Kristallgefüge. Charakteristisch ist die leicht blaugrüne Farbe aufgrund der Umwandlung von Biotit in Chlorit und von Feldspäten in Chlorit und Epidot.
Der Juliergranit wurde mit dem Inngletscher vom Oberengadin in den voralpinen Ablagerungsraum verfrachtet. Die Reisezeit betrug bei einer zurückgelegten Strecke von ca. 300 km wohl um die 3000 Jahre.

Auf einen Blick

- **Alter**
  ca. > 300 Millionen Jahre
- **Herkunft**
  Ostalpines Kristallin (Ötztaler Alpen, Silvretta) oder Penninikum (Tauern, Engadin)
- **Häufigkeit**
  gelegentlich

Granodiorit

Das Gestein besteht vorwiegend aus hellen Feldspäten, Biotit und schwarzer Hornblende sowie etwas durchscheinend fettglänzendem Quarz.
Aufgrund der mineralogischen Zusammensetzung und der Gefügemerkmale kann der Stein als Granodiorit, bei erhöhtem Anteil an dunklen Minerale als Diorit bezeichnet werden, obwohl es sich mit ziemlicher Sicherheit nicht um ein Tiefengestein, sondern um einen Metamorphit handelt.

Auf einen Blick

- **Alter**
  ca. 250–300 Millionen Jahre
- **Herkunft**
  Westliche Kalkalpen, (Vorarlberg, Engadin)
- **Häufigkeit**
  selten

Rhyolith

Es handelt sich um ein quarzreiches rötliches Gestein mit vulkanitischen Gefügemerkmalen. Die Einsprenglinge sind meist klarer durchsichtiger Quarz sowie roter Feldspat und etwas schwarzer Biotit, in feinkörnigerer, vorwiegend aus Feldspäten bestehender Gesteinsmatrix eingeschlossen sind.
Die permzeitlichen Rhyolithe bzw. Quarzporphyre, kommen im sogenannten Verrucano des westlichen Ostalpin vor.

Auf einen Blick

- **Alter**
  ca. 30–40 Millionen Jahre
- **Herkunft**
  ?
- **Häufigkeit**
  gelegentlich

Porphyrit

Die großen, milchig-weißen Kristalle sind Feldspäte, d.h. Plagioklase, die in dunkler feinkörniger Grundmasse regellos verteilt sind.
Porphyrit ist der paläovulkanitische Name für Andesit. Der Unterschied zum ähnlichen Basalt liegt in einem etwas höheren Siliciumdioxidgehalt.
Diese Steine entstammen wohl einer vollständig abgetragenen Vulkanregion, die sich südlich von Ötztal und hohen Tauern befunden haben muss.

Auf einen Blick

- **> Alter** unterschiedlich
- **> Herkunft** Unterengadin, Tauernrand (Penninikum), Ötztaler Alpen, Silvretta, Grauwackenzone
- **> Häufigkeit** gelegentlich

Metabasalt

Diese meist grünen, manchmal schwarzen Steine zeigen vulkanitisches Gefüge mit großen Einsprenglingen in feinkörniger Grundmasse.
Farbgebend sind Epidot, Chlorit und Aktinolith, entstanden durch sekundäre Veränderung von dunklen Mineralen wie Pyroxenen etc. sowie von Feldspäten. Bei fortgeschrittenerer Umwandlung liegen bläulichgrüne Serpentinite vor.
Oft verwendete Synonyme sind Diabas, Prasinit, Grünstein.

Auf einen Blick

- **> Alter** ca. > 300 Millionen Jahre
- **> Herkunft** Ostalpines Kristallin (Silvretta, Ötztaler Alpen) Penninikum (Hohe Tauern)
- **> Häufigkeit** häufig

Amphibolit, Hornblendegneis

Er besteht vorwiegend aus dunkler Hornblende und hellem Feldspat. Daher der synonyme Name Hornblendegneis.
Die Minerale können parallel eingeregelt sein und zeigen feinsten Lagenbau. Es gibt auch massig ausgebildete, fast nur aus Amphibolen bestehende Steine, mit grobkörnigem, richtungslosem Gefüge.
Ausgangsgesteine der Amphibolite vor der voralpidischen Metamorphose waren basaltische Gesteine oder Mergel.

Auf einen Blick

- **> Alter** ca. > 300 Millionen Jahre
- **> Herkunft** Ostalpines Kristallin (Silvretta, Ötztaler Alpen)
- **> Häufigkeit** gelegentlich

Granatamphibolit

Es ist ein grobkörniges dunkles Gestein mit richtungslosem Gefüge.
Die rotbraunen Kristalle sind Granat, dazwischen schwarze Hornblende und weißer Plagioklas.
Die Granate haben eine sehr hochsymmetrische kubische Struktur und kristallisieren oft als „Rhombendodekaeder“ aus.
Nicht selten sind, je nach Metamorphosegrad des Gesteins, Übergangsformen zwischen Amphibolit, Granatamphibolit und Eklogit zu finden.

Auf einen Blick

- **Alter**
  ca. 300 Millionen (varizisch) oder ca. 100 Millionen Jahre (alpidisch)
- **Herkunft**
  Ostalpines Kristallin (Silvretta, Ötztaler Alpen)
- **Häufigkeit**
  selten

Eklogit

Rote Granatkristalle, die randlich meist nachträglich, retrograd, in Hornblende umgewandelt wurden, sind eingebettet in eine grünliche Grundmasse, vorwiegend bestehend aus dem Pyroxen Omphacit.
Das Ausgangsmaterial sind z. B. Ozeanbodenbasalte, die durch tektonische Vorgänge in große Tiefen gelangt sind und sehr hohen Drucken (> 10 kbar, entspricht einer ungefähren Versenkungstiefe von > 30 km) ausgesetzt waren.

Auf einen Blick

- **Alter**
  ca. < 110 Millionen Jahre
- **Herkunft**
  An der tektonischen Grenze Ostalpines Kristallin (Silvretta) und Penninikum (Unterengadin)
- **Häufigkeit**
  gelegentlich

Pseudotachylit

In einem Hornblendegneis erkennt man schwarze, glasig dichte Bereiche, die die Produkte extremer Zerkleinerung und teilweiser Aufschmelzung des Nebengesteins sind. Das glasartige Gefüge entsteht aufgrund der darauffolgenden schnellen Abkühlung. Basaltisches Glas wird als Tachylit bezeichnet.
Das Gestein entstammt der Basis der Silvrettadecke, entstanden durch Reibungswärme infolge von Überschiebungsvorgängen.

Auf einen Blick

- **Alter**
  wenige Jahre
- **Herkunft**
  anthropogen
- **Häufigkeit**
  gelegentlich bis häufig

Ziegelstein

Regional angereicherte Abfallprodukte wie: Ziegelsteine (erstaunlich schön gerundet), Beton- und Teerbrocken (Konglomeraten und Brekzien sehr ähnlich), Porzellanscherben (das sind keine Muschelschalen), Glasscherben (nicht mit Smaragd zu verwechseln), Grabsteinfragmente (oft skandinavische Gabbros), Schlacken- und Metallreste (leider keine Meteorite), erstaunen öfter den interessierten Steinesammler.

Frank Rudolph

Der Diplom-Biologe Dr. Frank Rudolph studierte Zoologie und Paläontologie an der Universität Kiel. Seine Diplomarbeit über die Kopfmuskulatur von Trilobiten wurde mit dem Wissenschaftspreis des Landes Schleswig-Holstein ausgezeichnet. Heute ist er als geowissenschaftlicher Fachbuchhändler, Antiquar und Autor tätig. In seinem Verlag erscheinen zwei populärwissenschaftliche Zeitschriften. Frank Rudolph ist Vorstandsvorsitzender der Gesellschaft für Geschiebekunde und der Geologisch-Paläontologischen Arbeitsgemeinschaft Kiel und Mitglied in zahlreichen wissenschaftlichen Vereinigungen. Er beschäftigt sich seit rund 40 Jahren mit den eiszeitlichen Geschieben Norddeutschlands und interessiert sich besonders für altpaläozoische Sedimente und die in ihnen vorkommenden Trilobiten. Seine Sammlung umfasst mehrere Zehntausend Stücke. Bislang sind rund 80 Publikationen von ihm erschienen, darunter mehr als ein Dutzend Bücher. (www.strandsteine.de und www.fossilbuch.de)

Bernhard Bayer

Bernhard Bayer studierte an der Ludwig-Maximilians-Universität München Geologie und Paläontologie. Schwerpunkte seiner Arbeit waren die geologische Kartierung mesozoischer Schichtserien in den Salzburger Alpen und die geochemische und petrografische Untersuchung von variskischen Ganggesteinen des Bayerischen Waldes. Neben seiner Arbeit im IT-Bereich gilt sein Interesse nach wie vor der Geologie und den Gesteinen, speziell des alpinen Bereichs. Seine Nah- und Makrofotografie von Gesteinen und Geröllen erscheinen in unterschiedlichen Veröffentlichungen.
Bernhard Bayer engagiert sich auch ehrenamtlich, unter anderem für die Website der Sektion Hochland des Deutschen Alpenvereins und deren Hütten.

Werner Bartholomäus

Werner Bartholomäus ist als gelernter Geologe mit den Gesteinen des norddeutschen Raums vertraut. Seine erste Begegnung mit Wesergeröllen im Weserbergland vor etwa 40 Jahren war prägend. Seitdem kehrte er regelmäßig zu diesem Thema zurück. Im Lauf der Zeit kamen die anderen Flüsse des nord- und mitteldeutschen Raums hinzu. Schotterzusammensetzungen, Geröllbestimmung und die Untersuchung der Geschiebe des nordischen Inlandeises waren und sind Gegenstand von Aufsätzen in Zeitschriften. An der Weiterentwicklung der geschiebekundlichen, digitalen Kaerlein-Bibliografie (s. Internet) arbeitet er maßgeblich mit. Als Fachredakteur trägt er zum Qualitäterhalt von geologischen Zeitschriften bei. Der Autor ist Mitglied mehrerer geologischer Vereinigungen. Als Mitglied der Gesellschaft für Geschiebekunde hatte er sich mehrere Jahrzehnte leitend für die Geschiebekunde eingesetzt.
Bei verschiedenen mineralogischen und geologischen Gruppen hält der Verfasser regelmäßig Vorträge.

Sven von Loga

Sven von Loga hat Geologie studiert, ist freier Journalist und GPS-Spezialist. Er befasst sich seit vielen Jahren mit der Geologie und dem Vulkanismus des Rheinischen Schiefergebirges (Eifel, Siebengebirge, Bergisches Land). Er leitet hier wie auch auf den Kanarischen Inseln geologische Exkursionen und ist Autor mehrerer geologischer Wanderführer durch Eifel und Siebengebirge. In diversen Medien berichtet er regelmäßig über GPS-Outdoor-Navigation und geologische Reisethemen. Er ist Leiter zahlreicher Seminare und Geländekurse zur GPS-Outdoor-Navigation und Berater touristischer Organisationen auf diesem Gebiet.
www.uncites.de
www.geheimnisse-der-heimat.de

Alteration – Im Gegensatz zu Verwitterung bedeutet Alteration die Umwandlung von Minerale in einem Gestein in Sekundärminerale, bspw. durch hydrothermale Lösungen oder durch heiße vulkanische Gase, mit denen das Gestein reagiert.
Amphibol – chemisch kompliziert gebaute Gruppe silikatischer (= SiO2-haltiger)Minerale
aplitisch – Ganggestein, das überwiegend aus Feldspäten und Quarz besteht, helle Farbe und feinkörnig.
Bindemittel – ausgefällte mineralische Substanz, füllt die Hohlräume zwischen dickeren Komponenten, diagenetische Bildungsbedingungen (vergleiche: Konglomerat).
Calcit – Kalziumkarbonat (Ca_2CO_3).
Chlorit – ein gesteinsbildendes Mineral der Schichtsilikate (Glimmer) grünlicher Farbe, in Sedimenten und leicht metamorphen Gesteinen.
Diagenese – Verfestigung und Verdichtung eines zunächst weichen oder lockeren Gesteins durch erhöhten Druck und durch erhöhte Temperatur.
Einsprengling – ein meist größerer Einzelkristall in magmatischen Gesteinen.
Feldspat – gesteinsbildende Mineralgruppe Silikatminerale
felsitisch – feinkörniges oder gar dichtkörniges felsisches Gestein ohne sichtbare Kornausbildung.
Flysch – Wechselfolge aus Sandstein- und Tonsteinschichten die sich in einem tiefmarinen Graben gebildet haben.
Foide – Feldspatvertreter. An SiO2 untersättigte Feldspäte, Foide und freier Quarz schließen sich deshalb im gleichen Gestein gegenseitig aus. Mit dem Auge kaum zu erkennen, ähneln Quarz, haben aber eine Eigenfarbe.
Formation – charakteristische Folge einer Gesteinsschicht, die einen bestimmten erdgeschichtlichen Zeitabschnitt repräsentiert.
Gebirgsbildung – Orogenese; Bildung einer regional abgegrenzten Gebirgseinheit durch tektonische Vorgänge wie Faltungen, Überschiebungen und Decken.
Gefüge – räumliche Anordnung und Lage der Gesteinskomponenten, Größe und Ausbildung der einzelnen Körner.
Geröll – durch einen Fluss transportiert und gerundet.
Geschiebe – während der Eiszeiten durch Gletscher über Land geschoben und dabei gerundet
Glas – SiO_2, Substanz ohne Kristallstruktur, amorph.
Glaukonit – ein dunkelgrünes Mineral, das sich nur im Meer bildet, heute in ca. 200 Meter Wassertiefe.

Glimmer – Schichtsilikate mit plättchenförmigen Kristallen, die überall im Gestein glitzern.
granoblastisches Gefüge – bei Metamorphiten ein Gefüge gleichmäßig großer Körnung, nicht stängelig oder blättchenförmig.
Grundgebirge – ältere Teile der Erdkruste, die unter dem sedimentologisch und tektonisch anders ausgebildeten Deckgebirge liegen.
Grundmasse – Hauptbestandteil eines Gesteins, in den andere Komponenten eingestreut sind -> porphyrisches Gefüge
idiomorph – Minerale, die bei der Auskristallisation ihre Kristallform vollständig ausgebildet haben und dabei nicht von anderen Komponenten behindert wurden oder aschereich sind. Dazu gehören u. a. Schmelztuffe, wenn sie verschweißt sind, Bimsströme oder Ascheströme, wenn dieses Material überwiegt.
Kieselsäure – Siliziumdioxid, SiO_2, chemischer Stoff, aus dem Quarz besteht. Auch silikatische Minerale bestehen weitgehend aus Kieselsäure
Kluft – Fuge oder Spalte im Gestein, durch die bspw. Lösungen fließen können.
Konkretion – Bildung eines festen Körpers in Sedimenten durch chemische Ausfällung.
Lava – Magma, das an der Erdoberfläche ausgetreten ist.
Magma – Gesteinsschmelze in der Erdkruste, wird nach Austritt an die Erdoberfläche als Lava bezeichnet.
Matrix – in Sedimentgesteinen das Bindemittel, in Eruptivgesteinen die Grundmasse.
Metamorphose – durch hohen Druck und hohe Temperatur bedingte Umwandlung von Gesteinen durch teilweise Neubildung, Rekristallisierung und Neuorientierung von Gesteinsminerale
Metasomatose – Verdrängung, ein ganzes Gestein oder ein Teil davon werden durch eine Lösung oder eine andere mobile Phase ausgetauscht und ersetzt.
Moräne – vom Gletscher bewegte und abgelagerte Gesteinsfracht.
Olivin – ein dunkelgrünes Mineral in basaltischen Gesteinen, bildet wohl den äußeren Erdmantel. Vorkommen von Olivin zeigt an, dass das Magma ohne Differenzierung aus großer Tiefe emporgedrungen ist.
Ooid – gr. Oon – Ei, eine rundliche mineralische Struktur aus konzentrischen, mineralischen Anwachsschalen.
Ovoide – große, gerundete Alkalifeldspateinsprenglinge in Rapakivi-Graniten
Patina – Alterung und Veränderung der Gesteinsoberfläche durch Umwelteinflüsse.

porphyrisches Gefüge – Ausbildungsform von magmatischen Gesteinen, bei denen größere, meist gut ausgebildete Einzelkristalle in einer feinen Grundmasse liegen. Siehe auch unter „Einsprenglinge".
porphyroblastisches Gefüge – wie porphyrisches Gefüge, allerdings durch metamorphe Prozesse entstanden.
Pyroxen – eine Gruppe silikatischer (= SiO_2-haltiger) Minerale
Quarz – ein Mineral (SiO_2, Kieselsäure), bildet bspw. Bergkristall, Achat, Rauchquarz, Tigerauge, Amethyst, Rosenquarz, etc.
Stratigraphie – geologische Teildisziplin, die sich mit der zeitlichen Aufeinanderfolge der Gesteinsschichten befasst.
Tektonik – Teil der Geologie, der sich mit dem strukturellen Aufbau der Erdkruste und der zugrundelegenden Kraftwirkungen beschäftigt.
Tethys – weltumspannendes „Urmeer", das den Superkontinent Pangäa umgab, der im Perm entstand und in der Jurazeit wieder auseinanderzudriften begann.
Textur – räumliche Anordnung und Verteilung der Gemengteile in einem Gestein, bspw. richtungslose T., Fließtextur, Schlierentextur ...
Variszische Gebirgsbildung – eine Gebirgsbildungsphase vor ca. 350–260 Mio. Jahren. Gondwana und Laurasia vereinigten sich zum Superkontinent Pangäa. Das Rheinische Schiefergebirge entstand. Deformationsstrukturen dieser Phase finden sich in vielen alpinen Metamorphiten.
Wasserscheide – Geländegrenze, von der aus das Oberflächenwasser in verschiedene Richtungen abfließt.
Verwitterung – Zerfall des Gesteins durch physikalische Einflüsse wie Temperatur, Druck, Bewegung, Abrieb, chemische Einflüsse wie Lösung und biologische Einflüsse wie Lösung durch Huminsäuren, Wurzeldruck von Pflanzen etc.
Xenolith – Fremdgesteinseinschluss in Vulkaniten oder auch Plutoniten, der mit dem magmatischen Gestein in keinem Zusammenhang steht. Bspw. Sandsteine, die durch aufsteigendes Magma am Rande des Schlots „abgekratzt" werden, oder Gesteinsbrocken, die bei einer Aufschmelzung nicht völlig resorbiert und beim Erstarren wieder „eingebacken" wurden.

Stratigraphische Tabelle

Ärathem/ Ära	System/ Periode		Serie/ Epoche	Beginn vor Millionen Jahren
Känozoikum	Quartär		Holozän	
			Pleistozän	2,6
	Tertiär	Neogen	Pliozän	
			Miozän	23,8
		Paläogen	Oligozän	
			Eozän	
			Paläozän	65
Mesozoikum	Kreide		Oberkreide	
			Unterkreide	142
	Jura		Malm	
			Dogger	
			Lias	200
	Trias		Keuper	
			Muschelkalk	
			Buntsandstein	251
Paläozoikum	Perm		Zechstein	
			Rotliegendes	296
	Karbon		Oberkarbon	
			Unterkarbon	358
	Devon		Oberdevon	
			Mitteldevon	
			Unterdevon	417,5
	Silur		Pridoli	
			Ludlow	
			Wenlock	
			Llandovery	444
	Ordovizium		Oberordovizium	
			Mittelordovizium	
			Unterordovizium	488
	Kambrium		Oberkambrium	
			Mittelkambrium	
			Unterkambrium	542
Neo-proterozoikum	Ediacarium			
	Cryogenium			
	Tonium			1000

Geologische Zeittafel

Danksagung:
Für vielfältige Hilfe danken die Autoren Volker Faath (Freimersheim), Tom Fohr (München), Dr. Rolf Hollerbach (Köln), Prof. Rainer Kleinschrot (Köln), Hans Stühmer (Helgoland) und Ruth Weber (Düsseldorf).

Mit 247 Farbfotos der Autoren und 8 Übersichtskarten von Annette Wrobel

Umschlaggestaltung von Populärgrafik unter Verwendung eines Fotos von Daniela Becks.
Die Fotos auf der Rückseite stammen von links nach rechts: Sven von Loga, Frank Rudolph und Bernhard Bayer

Unser gesamtes Programm finden Sie unter kosmos.de
Über Neuigkeiten informieren Sie regelmäßig unsere Newsletter, einfach anmelden unter kosmos.de/newsletter

FSC® www.fsc.org
MIX
Papier aus verantwortungsvollen Quellen
FSC® C015829

Gedruckt auf chlorfrei gebleichtem Papier

ISBN 978-3-440-13531-0
Redaktion: Monika Weymann
Layout: eStudio Calamar
Gestaltung und Satz: Populärgrafik Stuttgart
Produktion: Markus Schärtlein
Printed in Italy/Imprimé en Italie